Sitzungsberichte des Plenums
und der Klassen
der Akademie der Wissenschaften
der DDR

11

1972

Karl Schröter

Mathematik im System der Wissenschaften

AKADEMIE-VERLAG · BERLIN

THEORIA CUM PRAXI

Sitzungsberichte des Plenums
und der Klassen
der Akademie
der Wissenschaften der DDR

Jahrgang 1972 · Nr. 11

Karl Schröter

Mathematik im System der Wissenschaften

AKADEMIE-VERLAG · BERLIN
1973

Bericht der Klasse „Mathematik im System der Wissenschaften“ gehalten von Karl Schröter, Ordentliches Mitglied der Akademie der Wissenschaften der DDR, Leiter der Klasse, vor dem Plenum der Akademie der Wissenschaften der DDR am 15.6.1972 und Vorträge, die in den Sitzungen der Klasse von Februar 1969 bis Februar 1972 gehalten wurden.

Herausgegeben im Auftrage des Präsidenten der Akademie der Wissenschaften der DDR von Vizepräsident Heinrich Scheel

Erschienen im Akademie-Verlag, 108 Berlin, Leipziger Straße 3—4

Lizenznummer: 202 · 100/413/74
Gesamtherstellung: VEB Druckhaus Köthen
Bestellnummer: 761946 8 (2010/72/11) · LSV 1005
Printed in GDR
EVP 10,—

Inhaltsverzeichnis

KARL SCHRÖTER

Bericht der problemgebundenen Klasse: „Mathematik im System der Wissenschaften"

Die problemgebundene Klasse: „Mathematik im System der Wissenschaften" legt hiermit einen Bericht über ihre Tätigkeit seit ihrer Gründung im Jahre 1969 bis zum heutigen Zeitpunkt Mitte 1972 vor. Der Bericht ist eine Kollektivarbeit der Klasse. Diese hatte mit seiner Abfassung eine Kommission beauftragt, die aus dem Leiter der Klasse, den korrespondierenden Mitgliedern, den Herren LOTHAR BUDACH und HELMUT THIELE, ferner dem stellvertretenden Direktor des Zentralinstituts für Mathematik und Mechanik, Herrn Prof. Dr. MATTHES, und dem wissenschaftlichen Arbeitsleiter in diesem Institut, Herrn Dr. habil. ANGER bestand. Die Kommission hat einen Entwurf ausgearbeitet, der dann von der Klasse eingehend diskutiert wurde. Er erhielt unter Berücksichtigung der Diskussion seine endgültige Fassung. Hierbei stammt der Abschnitt 2, der Probleme der Analysis behandelt, von Herrn MATTHES. Der Abschnitt 3, der Fragen der Algebra betrifft, wurde von Herrn BUDACH verfaßt. Der Abschnitt 4, der der mathematischen Behandlung von Einzelwissenschaften gewidmet ist, wurde von Herrn THIELE, gemeinsam mit dem korrespondierenden Mitglied Herrn OLAF BUNKE erarbeitet. Die endgültige Fassung stammt von dem Leiter der Klasse, der auch für den gesamten Bericht verantwortlich ist.

1. Allgemeiner Bericht über die Arbeit der Klasse

Im Verlauf der Akademiereform wurden 1968 die früheren institutionellen Klassen aufgelöst. An ihre Stelle traten die sog. problemgebundenen Klassen, deren Aufgaben im Statut der Akademie der Wissenschaften vom 20. Mai 1969 neu festgelegt wurden. Schon Anfang 1969 ergriff Akademiemitglied HEINRICH GRELL die Initiative zur Gründung einer problemgebundenen Klasse Mathematik. Unter seiner Leitung entstand eine Aktivgruppe, die sich aus den damaligen ordentlichen und korrespondierenden Mitgliedern der Akademie, die Mathematiker und Bürger der DDR sind, zusammensetzte. Diese Gruppe entwarf einen Plan über die Ziele für eine problemgebundene Klasse Mathematik.

Hierbei wurde ausgegangen von der historischen Situation und eine Zielstellung erarbeitet, aus der sich dann die Aufgabenstellung einer problemgebundenen Klasse ergab. Die historische Situation läßt sich folgendermaßen darstellen. Bis zum Ende des 18. Jahrhunderts bestand eine enge Verbindung von Mathematik und Physik. In vielen Fällen waren die Mathematiker gleichzeitig Physiker und die Physiker gleichzeitig Mathematiker. Die Verbindung von Mathematik und Physik war im 18. Jahrhundert besonders eng geworden, da zu dieser Zeit die in der Analysis entwickelten mathematischen Methoden in der Physik zu einer außerordentlichen Bedeutung gelangten. Dies gilt besonders für die analytische Mechanik, die damals aufgebaut wurde. Seit etwa 1800 lockerte sich die enge Verbindung von Mathematik und Physik. Dies war vor allem durch folgende Tatsache bedingt. Bei der Begründung der Analysis ergaben sich, wie bekannt, große Schwierigkeiten, die dazu führten, daß in vielen Fällen Antinomien auftraten. Es ist bekannt, daß selbst in den Arbeiten der hervorragendsten Mathematiker jener Zeit, z. B. auch bei Euler, sich direkt Fehler nachweisen lassen. Es erwies sich deshalb als notwendig, daß die Mathematiker ihr Augenmerk verstärkt auf die Fragen eines korrekten Aufbaus ihrer Theorien wenden mußten. Diese Neubegründung der Mathematik wurde im 19. Jahrhundert in Angriff genommen und durchgeführt. Zwar wurden in der zweiten Hälfte des 19. Jahrhunderts und auch im 20. Jahrhundert immer wieder durchschlagende Erfolge bei der Anwendung mathematischer Methoden in der Physik erzielt. Es sei etwa hingewiesen auf die mathematische Erfassung der Erscheinungen des elektromagnetischen Feldes, auf die Bedeutung der Riemannschen Geometrie für die allgemeine Relativitätstheorie, auf die Anwendung der Gruppentheorie in der Quantenphysik usw. Es soll ferner erwähnt werden, welche eindrucksvollen Erfolge in der Geophysik bei der Anwendung mathematischer Methoden von unserem Mitglied, Herrn Steenbeck, mit seinem Kollektiv bei der Theorie des Magnetismus der Erde und der Planeten erzielt worden sind. Auch außerhalb der Physik ist auf hervorragende Erfolge bei der Anwendung mathematischer Methoden hinzuweisen, die z.B. in der Elektrotechnik, in der Informationstechnik und in der Theorie der Regelung und Steuerung zur Aufstellung neuer mathematischer Strukturen geführt haben.

Trotzdem liegen die eigentlichen Leistungen der Mathematiker des 19. Jahrhunderts und auch des 20. Jahrhunderts auf innermathematischem

Gebiet. Sie führten zu einem Aufbau der Mathematik, der frei war von allen Antinomien, die die weitere Entwicklung bisher gehemmt hatten. Sie gipfelten in dem eigenständigen Aufbau der Mathematik, wie er von dem hervorragenden Mitglied unserer Akademie, KARL WEIERSTRASS, durchgeführt wurde. Auf dieser einwandfreien Grundlage entstanden dann alle modernen mathematischen Theorien, die zu einer stürmischen Entwicklung der Mathematik führten. Hierbei war eine Arbeitsteilung unvermeidlich, die zur intensiven Entwicklung einer sog. „reinen" Mathematik führte, die zunächst von Anwendungen losgelöst war. Im weiteren Verlauf ergab es sich nun, daß alle mathematischen Theorien sich auf die sog. Relationentheorie zurückführen lassen. Diese Entwicklung erreichte ihren Höhepunkt, als es gelang, die Theorie der Relationen sogar auf die allgemeine Mengenlehre zurückzuführen. Damit erhielt die Mathematik endgültig ihr festes Fundament. Hierbei wurde auch der in Wirklichkeit gar nicht vorhandene Gegensatz von „reiner" und „angewandter" Mathematik überwunden. Die Mathematik erhält dadurch den Charakter einer außerordentlich einheitlichen Wissenschaft. Alle mathematischen Theorien lassen sich einheitlich auf der Grundlage der allgemeinen Mengenlehre mit den Methoden der mathematischen Logik entwickeln. Auf diese Art wurde seit dem Anfang des 20. Jahrhunderts und besonders intensiv seit dem Beginn der zweiten Hälfte des 20. Jahrhunderts eine Synthese aller bisherigen mathematischen Disziplinen, auch der sog. Anwendungsgebiete, möglich.

Diese einheitliche Grundlage der gesamten Mathematik ermöglicht auch das Eindringen mathematischer Methoden in viele Einzelwissenschaften, sowohl Natur- als auch Gesellschaftswissenschaften, in denen bisher traditionell mathematische Methoden keine oder nur eine geringe Rolle spielten. Diese mathematische Durchdringung der Einzelwissenschaften ist nicht etwa rein äußerlich zu verstehen, als ob nur in irgendeiner Weise die Mathematik in diesen Wissenschaften „angewandt" werden würde. Die Lage ist vielmehr die gleiche, wie sie von alters her in der Physik bestand. Es ist erforderlich, in jeder in Frage kommenden Einzelwissenschaft die Grundbegriffe und Methoden mit der in der Mathematik üblichen Strenge neu zu entwickeln und dann auf dieser Grundlage eine mathematische Theorie des betreffenden Gebietes aufzubauen. Auf diese Art ist in wenigen Jahrzehnten eine Mathematisierung vieler Gebiete eingeleitet worden. Es seien genannt: gewisse Teile der Chemie, der Biologie und der Ökonomie, ferner sei hingewiesen auf die Operationsforschung, die mathematische Kybernetik und gewisse Teile der Sprachwissenschaften (Linguistik).

Auf der Grundlage dieser historischen Situation ist es nun möglich, eine Zielstellung für eine problemgebundene Klasse „Mathematik im System der Wissenschaften“ zu entwickeln. Das eigentliche Ziel der Klasse müßte die Klärung der Stellung der Mathematik im Gesamtsystem der Wissenschaften sein. Hierbei müßten die mathematischen Methoden charakterisiert werden, die bei der mathematischen Durchdringung der genannten Einzelwissenschaften, insbesondere auch der Physik, zu entwickeln sind. Es müßte ferner ein Überblick über die hierbei erzielten Resultate gegeben werden. Dieser Überblick müßte schließlich zu einer Prognose für die weitere mathematische Forschung auf den genannten Gebieten führen. Von besonderer Bedeutung wäre außerdem die Klärung der Stellung der Mathematik gegenüber der Philosophie. Diese Klärung ist sowohl für die Mathematik im Hinblick auf ihre materialistische Fundierung und ihre weitere Entwicklung unter Benutzung der dialektischen Methode als auch umgekehrt für die Philosophie von großer Bedeutung. Ein so weit gestecktes Ziel ist sicherlich nicht in einigen Jahren zu erreichen. Es ist aber anzustreben, es in Etappen zu realisieren.

Als erster Schritt zur Realisierung der entwickelten Zielstellung wurde nun eine Problemstellung für die Jahre 1969—1972 entwickelt. Es wurde zunächst eine Selbstverständigung aller Mathematiker der Akademie angestrebt. Obwohl von allen die historische Situation, insbesondere die Zielstellung grundsätzlich einheitlich eingeschätzt wurde, so bestanden doch erhebliche Gegensätze in bezug auf die konkreten Aufgabenstellungen. Es war insbesondere die Stellung der Analysis im Gesamtsystem der Mathematik zu klären. Hierbei sollte vor allem die Verbindung zur Physik behandelt werden. Das gleiche gilt für die weiteren Teile der Mathematik, z.B. die lineare Algebra, die für die beiden klassischen Anwendungsgebiete, Mechanik und Physik, von hervorragender Bedeutung sind. Damit ergab sich als I. Thema: *Entwicklungstendenzen der Analysis mit Auswirkungen auf Nachbargebiete.*

Für die weitere Entwicklung der Mathematik und insbesondere bei der Verwendung mathematischer Methoden in den Einzelwissenschaften spielen algebraische Begriffsbildungen und Methoden eine hervorragende Rolle. Sie beruhen auf dem Begriff der mathematischen Struktur. Auf der Grundlage des Strukturbegriffs ist es möglich, mehrere Gebiete der Mathematik einheitlich zu behandeln. Denn die verschiedensten Gebiete der Mathematik liefern, wie man sich ausdrückt, Modelle für allgemeine Strukturen. Unter den Strukturbegriff fallen alle fortgeschrittenen mathematischen Disziplinen. Man kann, um nur einige Beispiele zu nennen, sprechen von algebraischen Strukturen im engeren Sinne des Wortes, von geometrischen Strukturen, von topologischen Strukturen, ebenso von analytischen Strukturen; und schließlich sind auch die logischen Strukturen von großer

Bedeutung. Sie sind insbesondere die Grundlage für strukturalgebraische Methoden, die in der Rechentechnik zu hervorragenden Fortschritten geführt haben. Entsprechend den bisherigen Ausführungen ergab sich als II. Thema: *Die Algebraisierung der modernen Mathematik auf der Grundlage der Theorie der mathematischen Strukturen.*

Zunächst noch nicht vorgesehen, aber später behandelt wurde noch ein drittes Thema. Dieses betrifft die mathematische Behandlung der Einzelwissenschaften. Wie schon erwähnt wurde, ist es hierzu erforderlich, die Begriffe und Probleme der betreffenden Disziplin mit mathematischen Methoden zu erfassen. Diese mathematische Formulierung ist, wie bekannt, eines der schwierigsten Probleme bei allen Theorienbildungen. Sie ist auch häufig nicht ein für alle Mal in einem einzigen Schritt und nur auf eine einzige Art möglich. Sie erfolgt vielmehr in einem Prozeß der „mathematischen Modellierung". Hierbei werden die jeweiligen mathematischen Formulierungen „mathematische Modelle" für das betreffende Gebiet genannt. Diese Ausdrucksweise könnte evtl. zu Mißverständnissen führen, da der Begriff des Modells auch in der Theorie der mathematischen Strukturen verwendet wird. Dort sind die Modelle Interpretationen, d.h. Realisierungen für das die betreffende Struktur charakterisierende Axiomensystem, während hier eine mathematische Formulierung für das betreffende Gebiet gesucht wird, die evtl. zu einem Axiomensystem für eine Struktur führen kann, für das dann die betreffende Einzelwissenschaft ein Modell liefert. Trotzdem sollten bei konsequenter Verwendung des Begriffs des „mathematischen Modells" keine Mißverständnisse auftreten. Unter Berücksichtigung dieser Gesichtspunkte ergab sich das folgende III. Thema: *Probleme der mathematischen Modellierung unter besonderer Berücksichtigung der mathematischen Kybernetik und der Rechentechnik.*

Entsprechend diesen Problemstellungen wurde die Arbeit der Klasse 1969 aufgenommen. Sie wurde in erster Linie getragen von den ordentlichen und den korrespondierenden Mitgliedern, die Mathematiker sind. Hinzugezogen wurden als ständige Gäste leitende Mitarbeiter des damaligen Instituts für reine Mathematik und des damaligen Instituts für angewandte Mathematik und Mechanik, die heute im Zentralinstitut für Mathematik und Mechanik vereinigt sind. Ferner wurde eine Reihe von profilierten Mathematikern aus dem Hochschulwesen als ständige Gäste gewonnen. Jeweils für das betreffende behandelte Problem besonders wichtige Vertreter aus Wissenschaft und Praxis wurden ferner der jeweiligen Thematik entsprechend zugezogen.

Die Arbeit der Klasse erfolgte in erster Linie in der Form von Vorträgen. Zu diesen Vorträgen fanden eingehende Diskussionen statt. In besonders wichtigen Fällen wurde die Aussprache in späteren Sitzungen der Klasse fortgeführt und beendet. Insgesamt fanden von Anfang 1969 bis Juni 1972 28 Sitzungen der Klasse statt. Von den gehaltenen Vorträgen liegen Selbstreferate vor. Es erscheint deshalb nicht nötig, über die Vorträge im einzelnen zu berichten. Die Vortragsauszüge liegen diesem Bericht bei. Sie können von Interessenten jederzeit eingesehen werden.

Außer den Vorträgen gab es Berichte und Auswertungen besonders wichtiger mathematischer Veranstaltungen. Ein Höhepunkt war hierbei die Auswertung der Internationalen Mathematiker-Tagung, die 1970 in Nizza abgehalten wurde. Es war besonders anregend, daß hierbei der hervorragende polnische Mathematiker, Prof. Tarski, jetzt in Berkeley (Californien), der in jenen Tagen als Gast der Klasse die Akademie besuchte, anwesend war und einen eingehenden Bericht über den internationalen Stand der Forschung auf dem Gebiet der Mathematik und über die Prognose der weiteren Entwicklung der mathematischen Forschung geben konnte.

Außer der Tätigkeit der Klasse auf Grund der geschilderten Problemstellung hat die Klasse in einigen Fällen Gutachten, Memoranden und Stellungnahmen vorgelegt. Drei dieser Gutachten sollen besonders genannt werden.:

1. eine Stellungnahme zu den wissenschaftlichen Thesen, Heft 3 (1970), als ein erster Beitrag zum Verhältnis Physik/Mathematik,

2. eine Stellungnahme zum „Rahmenstudienprogramm für das Grundstudium und den Studienplan Mathematik“, weitergereicht an das Ministerium für das Hoch- und Fachschulwesen, Herrn Minister Prof. H.-J. Böhme, am 6. Juli 1971,

3. eine Stellungnahme zur Prognose-Arbeit und weiteren konzeptionellen Führung der Kybernetik-Forschung der DDR.

Auch über diese Stellungnahmen liegen Protokolle vor, die Interessenten durch das Sekretariat des Herrn Vizepräsidenten zugänglich gemacht werden können.

Es soll nun nicht etwa chronologisch oder sachlich geordnet über die Arbeit der Klasse im einzelnen berichtet werden. Vielmehr sollen in drei weiteren Abschnitten die Ergebnisse zusammengefaßt werden, die bei der Behandlung der drei genannten Probleme erzielt wurden.

2. Entwicklungstendenzen der Analysis und Auswirkungen auf Nachbargebiete

Im Rahmen der klassischen Analysis wurden die auch heute noch im Mittelpunkt der Analysis stehenden Grundbegriffe der Stetigkeit, Differenzierbarkeit, Analytizität und Integrierbarkeit präzise erfaßt. Auf dieser Grundlage gelang es, den reichen Schatz analytischer Ergebnisse aus der vorklassischen Zeit mathematisch zu sichern und weiter auszubauen. Durch die strenge Unterscheidung zwischen anschaulich-heuristischer Begründung und mathematisch exakter Theorie löste sich die Analysis endgültig aus ihrer Verflechtung mit Mechanik und Physik und wurde eine im eigentlichen Sinne mathematische Theorie, deren innererer Zusammenhang durch ein festes System grundlegender Begriffe und Sätze hergestellt wurde. Im Mittelpunkt dieses Systems steht die Untersuchung reeller Funktionen mit hinreichenden Glattheitseigenschaften. Damit wurde ein zwar mathematisch strenges, jedoch sehr begrenztes Instrumentarium zur Beschreibung realer Vorgänge entwickelt. Die Begrenztheit der Hilfsmittel zeigte sich auch innerhalb der klassischen Analysis selbst, indem in verschiedenen Theorien sehr komplizierte Voraussetzungen über die Differenzierbarkeit der eingehenden Funktionen erforderlich wurden, die mit dem eigentlichen Anliegen und insbesondere mit den zu beschreibenden realen Vorgängen in keinem wesentlichen Zusammenhang stehen.

Die heutige Analysis ist in steigendem Maße Analysis in allgemeinen Räumen (Funktionalanalysis): Die in eine Problemstellung eingehenden Funktionen werden als Elemente von Funktionenräumen angesehen, wobei die Auswahl bzw. Konstruktion dieser Räume der jeweiligen Aufgabe angepaßt wird. Die Lösung analytischer Probleme stützt sich wesentlich auf Aussagen über die Struktur solcher Funktionenräume. Die Benutzung allgemeiner Räume erlaubt es, viele aus der klassischen Analysis bekannte mathematische Begriffe und Sätze nebst den dazugehörigen geometrischen Deutungen wesentlich zu verallgemeinern. Diese Verallgemeinerung führt zu einer neuartigen Interpretation von Fragestellungen, zu übergreifenden allgemeinen Gesichtspunkten und Theorien und ist mit einer wesentlichen Verfeinerung der aus der klassischen Analysis und linearen Algebra bekannten Begriffe verbunden.

Nachdem bei der Entstehung der Funktionalanalysis in starkem Maße die Übertragung der Theorie der linearen Abbildungen endlichdimensionaler Räume auf Funktionenräume im Vordergrund stand, setzt sich jetzt der Gedanke der Analysis in allgemeinen Räumen immer mehr durch. Dies bezieht sich insbesondere auf die Theorie der Extremalaufgaben sowie die Theorie der Differentialgleichungen in allgemeinen Räumen. Es hat sich z.B. gezeigt, daß bestimmte Klassen von Evolutionsgleichungen, also spezielle partielle Differentialgleichungen, als gewöhnliche Differentialgleichungen für Funktionen mit Werten in allgemeinen Räumen interpretiert werden können.

Die klassische Analysis war in starkem Maße darauf ausgerichtet, explizite Lösungen bestimmter Aufgaben abzuleiten, d.h. Lösungen, die mit Hilfe eines begrenzten Kreises sogenannter „elementarer“ Funktionen und Operationen ausgedrückt werden können. Die Existenz solcher Lösungen beruht wesentlich auf starken Symmetrie- und Linearitätsannahmen. Unter Verwendung des Begriffs der unendlichdimensionalen Darstellung einer Gruppe ist es gelungen, die Natur dieser Annahmen theoretisch zu erfassen. Mit der Behandlung komplizierterer, insbesonderer nichtlinearer Probleme verliert jedoch der Begriff der expliziten Lösung immer mehr an praktischer Bedeutung. Dementsprechend kann auch die moderne Analysis nicht einseitig und der Sache nach verfehlt an ihrer Fähigkeit gemessen werden, explizite Lösungen für praktisch interessierende Probleme bereitzustellen. Statt dessen stützt sie sich auf einen neuen Lösungsbegriff: Eine Klasse von Aufgaben gilt als lösbar, wenn praktikable Algorithmen für ihre Lösung bereitgestellt sowie theoretische Aussagen über die Natur der Lösungen abgeleitet werden können. Eben dieser Lösungsbegriff entspricht nicht nur der theoretischen, innermathematischen Entwicklung, sondern auch den praktischen Erfordernissen des Einsatzes von Rechenautomaten. Die Benutzung allgemeiner Räume ist heute ein Erfordernis für die Konzipierung und Begründung von Näherungsverfahren zur Berechnung von Lösungen. Hierbei stellt sich immer mehr heraus, daß sich die rein theoretischen Methoden für die Gewährleistung der Existenz von Lösungen den Methoden zur praktischen approximativen Bestimmung annähern bzw. als theoretische Begründung für die Ausarbeitung solcher Methoden dienen können. Zwischen der qualitativen Untersuchung und der approximativen Bestimmung steht die asymptotische Analyse von Lösungen, die in den letzten Jahrzehnten zur Untersuchung technischer und physikalischer Vorgänge weite Verbreitung gefunden hat und in bestimmten Fällen einen Ersatz für fehlende explizite Lösungen bzw. eine Vereinfachung komplizierter expliziter Lösungen liefert.

Die mit der Anwendung funktionalanalytischer Methoden verbundene Tendenz zur ständigen Verallgemeinerung muß als objektive Notwendigkeit begriffen werden. Sie ist erforderlich, um aus verschiedenen Aufgabenstellungen und Ansätzen den gemeinsamen mathematischen Kern herauszuarbeiten. Nur auf diesem Wege kann ein immer größerer Komplex mathematischen Wissens durchschaubar, damit auch lehrbar und somit für einen breiten Kreis anwendbar gemacht werden. Natürlich besagt diese Tendenz nicht, daß jede Verallgemeinerung innerhalb der Analysis zu wertvollen mathematischen Kenntnissen führt, daß die Anwendung möglichst anspruchsvoller analytischer Hilfsmittel ein selbständiges Kriterium der Wissenschaftlichkeit einer Untersuchung darstellt. Durch die Entdeckung der funktionalanalytischen Methoden werden die klassischen Ergebnisse aus der Theorie der reellen und komplexwertigen Funktionen in keiner Weise überflüssig. Dies betrifft z.B. die im Rahmen der klassischen Analysis entstandenen Techniken zur Herleitung von Ungleichungen.

Die Durchdringung der Analysis mit funktionalanalytischen Gesichtspunkten erfolgte sowohl aus innermathematischen Quellen als auch unter dem Einfluß mathematischer Probleme anderer Wissenschaften. Hierbei ist zu bemerken, daß Gesichtspunkte, die für das funktionalanalytische Denken charakteristisch sind, auch von Nichtmathematikern entwickelt wurden, natürlich in der Regel ohne die entsprechende mathematische Strenge. Es sei hier nur an die Entwicklung der Operatorenrechnung durch HEAVISIDE sowie den Ansatz zur Funktionalintegration von FEYNMAN erinnert. Der mit der größeren Allgemeinheit verbundene Reichtum an möglichen Strukturen, die größere Freiheit beim Umgang mit mathematischen Objekten erlauben es, unter Beibehaltung der mathematischen Strenge einen wesentlich breiteren Kreis realer Vorgänge bzw. idealisierter realer Vorgänge zu beschreiben, als dies mit dem begrenzten Instrumentarium der klassischen Analysis möglich war. Auf diesem Wege wird es möglich, die Wirklichkeit tiefer und zugleich einfacher zu erfassen. Es sei in diesem Zusammenhang nur an die mathematische Behandlung des von der Elektronik her bekannten Begriffs des weißen Rauschens erinnert.

Nachdem im vorigen Jahrhundert im wesentlichen die Physik Hauptanwendungsfeld der Analysis gewesen ist, sind in unserem Jahrhundert weitere Wissenschaften als Anreger und Nutzer analytischer Forschungen hervorgetreten. Insbesondere hat der Problemkreis der optimalen Steuerung, hervorgegangen aus technologischen und gesellschaftswissenschaftlichen Problemen, zu einer wesentlichen Weiterentwicklung der Theorie der Extremalaufgaben geführt. Indem die moderne Analysis Anregungen aus verschiedenen Disziplinen verarbeitet und systematisiert, ist sie prinzipiell in der Lage, Anregungen aus einer Wissenschaft bei der Behandlung von Problemen anderer Wissenschaften zu nutzen. So ist es seit langem bekannt, daß die durch physikalische Probleme stimulierte klassische Analysis auch auf bestimmte Aufgaben technologischen Charakters angewandt werden kann. Umgekehrt ist es durchaus möglich, daß die aus nichtphysikalischen Aufgabenstellungen heraus entstandenen mathematischen Ansätze sich auch bei der Behandlung komplizierter Fragen der modernen Physik als fruchtbar erweisen können.

Verbunden mit dem neuartigen Lösungsbegriff und der durch die allgemeineren Hilfsmittel gewachsenen Freiheit bei der Approximation von

Lösungen ist die Rolle der Analysis als einer theoretischen Grundlage der numerischen Mathematik gewachsen. In diesem Zusammenhang sei daran erinnert, daß die mit den Namen Ritz und Galerkin verbundenen Näherungsverfahren, die zum Beginn unseres Jahrhunderts konzipiert wurden, zur Verbreitung und Stimulierung des funktionalanalytischen Denkens wesentlich beigetragen haben. Die numerische Mathematik muß analytische Probleme diskretisieren. Damit wird eine Brücke von analytischen Fragestellungen zum Problemkreis der diskreten Mathematik geschlagen. Es ist zu hoffen, daß das Durchdringen analytischer und algebraisch-logischer Gesichtspunkte mit der Zeit zu den theoretischen Grundlagen einer allgemeinen Theorie der numerischen Lösung von Problemklassen führt.

Erst durch die Zuhilfenahme in diesem Jahrhundert entwickelter analytischer Begriffsbildungen wurde die Wahrscheinlichkeitsrechnung zu einer axiomatisch aufgebauten mathematischen Disziplin. Ihr Kernstück, die Theorie der stochastischen Prozesse, bedient sich in wachsendem Maße funktionalanalytischer Methoden. Darüber hinaus hat die Wahrscheinlichkeitsrechnung stochastische Modellvorstellungen für bestimmte Klassen analytischer Probleme (z.B. aus der Potentialtheorie) geschaffen, welche sowohl die theoretische Bearbeitung (Anwendung des Wienerschen Maßes im Raum der stetigen Funktionen) als auch die numerische Lösung (Monte-Carlo-Methode) bestimmter analytischer Probleme ermöglichen. Als Grenzgebiet zwischen Analysis und Wahrscheinlichkeitsrechnung hat in den letzten Jahren die stochastische Analysis an Bedeutung gewonnen. Hierbei wird die in vielen Anwendungen real vorliegende Zufälligkeit der in die betrachteten Gleichungen eingehenden Inhomogenitäten, Koeffizienten usw. berücksichtigt.

Obwohl in den letzten Jahrzehnten viele Anregungen in die Analysis eingeflossen sind und die Verbindungen mit anderen mathematischen Disziplinen, insbesondere durch die verstärkte Anwendung algebraisch-topologischer Methoden, gewachsen sind, hat sich doch die Analysis als eine der stabilen Säulen der Mathematik erhalten.

3. Die Algebraisierung der modernen Mathematik auf der Grundlage der Theorie der mathematischen Strukturen

Die Klasse hat in einer Vielzahl von Vorträgen und Diskussionen eine Tendenz in der Entwicklung der modernen Mathematik verfolgt, die in den letzten 30 Jahren in spürbarem Maße hervortrat, nämlich die Algebraisierung einer ständig wachsenden Anzahl mathematischer Disziplinen. Vorbereitet wurde diese Entwicklung einerseits durch die konsequente Verwendung der axiomatischen Methode in der Mathematik und andererseits durch die Entwicklung der Algebra zur Theorie der algebraischen Strukturen.

Trotz der in den dreißiger und vierziger Jahren des vergangenen Jahrhunderts gefundenen neuartigen algebraischen Strukturen, die eine wesentliche Entwicklung im algebraischen Denken vorbereiteten, wie die Algebra der Logik durch BOOLE, die Vektoren, die Quaternionen und hyperkomplexen Systeme von HAMILTON, die Matrizen und nichtassoziativen Operatoren durch CAYLEY, blieb die Algebra in ihrem Ansehen bei der Vielzahl der Mathematiker das, was I. A. SERRET in seinem 1866 erschienenen „Cours d'Algèbre Supérieure" wie folgt beschreibt: „L'algèbre est, proprement parler, l'analyse des équations". Sechzig Jahre später hat sich die moderne Betrachtungsweise der Algebra als Theorie algebraischer Strukturen voll durchgesetzt. Deutlichen Ausdruck fand dieser Entwicklungsstand in dem 1930 erschienenen Lehrbuch von B. L. VAN DER WAERDEN „Moderne Algebra", in welchem die neuesten Erkenntnisse der Algebraikerschule um E. ARTIN und EMMY NOETHER zusammengefaßt wurden.

Parallel zu dieser Entwicklung war eine Axiomatisierung der neuesten mathematischen Disziplinen vor sich gegangen, die es ermöglichte, den algebraischen Apparat als neuartige Methode für viele Gebiete nutzbar zu machen. Diese Einführung der algebraischen Methode vollzog sich im wesentlichen in zwei Formen.

Zunächst einmal war durch die Axiomatisierung bedingt der operationelle Teil der mathematischen Theorien deutlicher herausgearbeitet worden, so daß die betreffende mathematische Struktur als Mischung verschiedener Strukturen erschien und man die möglicherweise in dieser Mischung vorkommende algebraische Struktur deutlicher erkennen und einer gesonderten Behandlung unterziehen konnte. Häufig waren die dabei auftretenden algebraischen Strukturen Verallgemeinerungen bereits bekannter, so daß letztere als Modell für die zu entwickelnde mathematische Theorie dienen konnte. Als Beispiel sei etwa die Theorie der Operatoren im HILBERT-Raum genannt, die am Modell der linearen Abbildungen eines endlichdimensionalen Raumes entwickelt wurde.

Wesentlich verwickelter ist diese Wechselwirkung zwischen Algebra und Analysis in der modernen Theorie der Mannigfaltigkeiten. Hier dient die Algebra einerseits als Hilfsmittel zum Studium lokaler Eigenschaften als gewöhnliche lineare Algebra der Tangentialräume der Mannigfaltigkeit — besonders ausgeprägt etwa bei der Untersuchung der LIEschen Algebra einer LIEschen Gruppe — und andererseits sind seit Beginn der vierziger Jahre mächtige algebraische Hilfsmittel geschaffen worden, um die Mannigfaltigkeit als Ganzes zu studieren. Als derartige Hilfsmittel seien genannt: die Theorie der Fundamentalgruppe, der Homotopie- und der Holonomiegruppe sowie die der Homologiegruppen.

Neben dieser Form der Algebraisierung der Mathematik, die also im Herauskristallisieren des Algebraischen einer Theorie besteht, hat sich etwa seit dem Beginn der fünfziger Jahre eine neue Methode entwickelt, deren Möglichkeiten noch bei weitem nicht erschöpft sind. Bereits POINCARÉ entwickelte mit der Homologietheorie der Polyeder ein Verfahren, das es gestattet, jedem Polyeder eine Folge von ABELschen Gruppen zuzuordnen, die Homologiegruppen des Polyeders, an denen sich in einfacher Weise gewisse geometrische Eigenschaften des Polyeders, wie Zusammenhang, gewisse innere Lageverhältnisse, Geschlecht u.ä. erkennen lassen. Dieses Vorgehen ist zu einem allgemeinen Verfahren entwickelt worden. Zu einer Vielzahl von mathematischen Theorien hat man Vorschriften geschaffen, die jedem Objekt dieser Theorie eine Folge von ABELschen Gruppen so zuordnet, daß Abbildungen der Objekte der betreffenden mathematischen Theorie Homomorphismen der zugeordneten ABELschen Gruppen bewirken. Dabei werden wesentliche Eigenschaften der Objekte der Theorie durch Eigenschaften der zugeordneten ABELschen Gruppen widergespiegelt.

Welche Weiterentwicklung der Mathematik durch dieses Vorgehen erreicht wurde, erhellt beispielsweise aus der Tatsache, daß für den Großteil derjenigen mathematischen Theorien, für die Homologietheorien existieren, die zu Beginn unseres Jahrhunderts betrachteten Objekte sog. verschwindende Homologiegruppen besitzen, also vom Standpunkt der homologischen Algebra trivial sind. Die Homologiealgebra liefert daher in gewisser Weise ein Verfahren, den Kompliziertheitsgrad eines mathematischen Untersuchungsgegenstandes durch seine Homologiegruppen zu messen.

Als ein Beispiel wollen wir den Satz von MASCHKE betrachten. Bekanntlich sagt dieser Satz aus, daß sich jede Darstellung einer endlichen Gruppe in irreduzible Darstellungen eindeutig zerlegen läßt, wenn man nur Darstellungen über einem Körper betrachtet, dessen Charakteristik nicht Teiler der Gruppenordnung ist. Versucht man diesen Satz auf Körper zu übertragen, deren Charakteristik Teiler der Gruppenordnung ist, so zeigt es sich, daß er nicht mehr richtig ist. Die Ursache dafür ist der Umstand, daß nicht jede Unterdarstellung einer vorgegebenen endlichdimensionalen Darstellung als ihr direkter Summand auftritt. Bei einer genauen Analyse dieser Situation zeigt es sich, daß es hier gewisse nichtverschwindende Kohomologiegruppen gibt.

Ganz ähnlich ist die Situation etwa bei einem Vergleich affiner Mannigfaltigkeiten mit projektiven oder noch allgemeineren Mannigfaltigkeiten. Auch hierbei traten bei allgemeineren Mannigfaltigkeiten Homologiegruppen auf, die genau dann verschwinden, wenn die betrachtete Mannigfaltigkeit affin, d.h. in ihrem globalen Zusammenhang besonders einfach ist. Besonders deutlich wird diese Situation bei der Behandlung von elliptischen Differentialgleichungen auf Mannigfaltigkeiten, deren Lösungsverhalten von der Struktur der Mannigfaltigkeit abhängt und deren Struktur wiederum durch gewisse Kohomologiegruppen beschrieben wird.

Einhergehend mit der Algebraisierung der Mathematik ist eine Tendenz zur Vereinheitlichung der Mathematik zu verzeichnen, die der objektiv notwendigen zunehmenden Spezialisierung entgegenwirkt. Diese Vereinheitlichung wird zunächst einmal dadurch erreicht, daß durch die Herausarbeitung des algebraischen Gerüsts einer Theorie wesentliche Teile derselben für Spezialisten aus Nachbargebieten verständlich werden, so daß diese sich einerseits darum bemühen, die ihnen dergestalt offen vorliegenden Methoden der Theorie zu eigenem Nutzen zu verwerten, und zum anderen mit ihren eigenen Methoden Neuland im Nachbargebiet zu erschließen. Ein eindrucksvolles Beispiel dieser Wechselwirkung von unterschiedlichen Theorien ist der RIEMANN-ROCHsche Satz und der Indexsatz von ATIYA-SINGER, die ihrerseits beide in engster Wechselbeziehung entstanden sind. Hierbei spielten unterschiedlichste mathematische Theorien in der eindrucksvollsten Weise zusammen: Algebraische Geometrie, Theorie der Funktionen mehrerer komplexer Veränderlicher, Theorie der elliptischen Differentialoperatoren, Theorie der Mannigfaltigkeiten — alle verbunden durch algebraische Techniken wie die Garbentheorie, die Theorie der Vektorbündel und der charakteristischen Klassen, die homologische Algebra, die Theorie der GROTHENDIECK-Gruppen und -Ringe.

Neben dieser durch das Wechselspiel mathematischer Theorien bewirkten Vereinheitlichung der Mathematik hat die im Jahre 1940 in ihren Anfängen durch EILENBERG und MACLANE geschaffene Theorie der Kategorien ein Verfahren geliefert, um die Grundlagen praktisch aller mathematischen Disziplinen einheitlich zu beschreiben und ihre Wechselwirkung einfach und anschaulich herauszuarbeiten. Es gibt jetzt Tagungen, auf denen Algebraiker, Topologen, Automatentheoretiker, Mathematische Logiker, Analytiker und Wahrscheinlichkeitstheoretiker über ihre Ergebnisse von einem einheitlichen, kategorientheoretischen Standpunkt aus berichten und sich damit gegenseitig verstehen und anregen. Diesem Prozeß der Vereinheitlichung der Mathematik muß insbesondere vom Standpunkt der Lehre besondere Beachtung geschenkt werden.

Zum Abschluß soll noch kurz auf eine Form der Algebraisierung der Mathematik hingewiesen werden, die mit der wachsenden Bedeutung der Rechentechnik für viele mathematische Gebiete zusammenhängt. Die sog. universelle Algebra liefert nämlich eine Methode zur Behandlung mathematischer Probleme als Probleme der sog. diskreten Mathematik. Die universelle Algebra entwickelte sich in engster Wechselwirkung mit der mathematischen Logik und Grundlagenforschung und schafft gewisse Voraussetzungen zur Entwicklung von Algorithmen. Die Bedeutung der universellen Algebra wird klar, wenn man berücksichtigt, daß die Lösung eines praktischen Problems heutzutage häufig die Schaffung eines Realzeitalgorithmus erforderlich macht.

4. Probleme der mathematischen Modellierung mit besonderer Berücksichtigung der mathematischen Kybernetik und der Rechentechnik

In einer wachsenden Anzahl von Fällen sind die Fortschritte in wissenschaftlichen Einzeldisziplinen sowie in vielen Gebieten der Produktion, Planung und Leitung heute unmittelbar mit der Verwendung mathematischer Methoden und der Rechentechnik verbunden. Es handelt sich, wie schon erwähnt wurde, in diesen Fällen um eine mathematische Modellierung in dem betreffenden Gebiet. Die Untersuchungen erfolgen, wie man sich ausdrückt, an einem mathematischen Modell. Auf die Probleme, die hierbei auftreten, soll nun etwas genauer eingegangen werden.

Man geht bei derartigen Untersuchungen stets von einem bestimmten einzelnen Sachgebiet aus. Als Beispiele seien genannt: die Kernphysik, das Gebiet der genetischen Prozesse, Zeichen- und Mustererkennungsprozesse, Probleme der Lagerhaltung eines Betriebes, Fragen der Standortverteilung von Industriezweigen, die Planung der Produktion ganzer Industriezweige, die mezidinische Diagnose, die Linguistik. Damit ein solches Gebiet einer mathematischen Behandlung zugänglich gemacht werden kann, müssen vorläufige Begriffsbildungen und möglichst viele empirisch gewonnene Gesetzmäßigkeiten vorliegen. Da die Mathematik, wie schon erwähnt wurde, so allgemein ist, daß in ihr auf der Grundlage der allgemeinen Mengenlehre die Eigenschaften und Beziehungen der Gegenstände irgendeines Sachgebietes behandelt werden können, ist es also auch für das ausgewählte Sachgebiet möglich, die dort gewählten Begriffe und Zusammenhänge zum Gegenstand einer vorläufigen mathematischen Theorie zu machen.

Die Begriffe, Sätze, Methoden, Theorien, die sich auf diese Art ergeben, sind naturgemäß äußerst vielfältig und vor allem häufig von sehr abstrakter allgemeiner Natur. Sie führen etwa sofort auf sehr komplizierte Differential- und Integralgleichungen, auf komplizierte Extremalaufgaben oder sonstige komplizierte Gesetzmäßigkeiten, z.B. zur Aufstellung von Gleichungssystemen bzw. bei Optimierungsprozessen auch auf Systeme von Ungleichungen mit einer sehr großen Anzahl (tausenden) von Unbekannten. Um auch in derartigen Fällen zu Lösungen zu kommen, ist es erforderlich, das betreffende mathematische Problem zu vereinfachen. Auch aus der Physik sind Beispiele dieser Art in der Aerodynamik z.B. beim Studium von Turbulenzprozessen bekannt. Um eine effektive Behandlung der betreffenden Prozesse zu ermöglichen, werden also weitere mathematische Modelle entwickelt, die möglichst für die numerischen Rechnungen auch den Einsatz von elektronisch gesteuerten Automaten ermöglichen. Offenbar handelt es sich darum, zu dem schwierigen allgemeinen Problem, das einer direkten Behandlung nicht zugänglich ist, eine möglichst einfache mathematische Formulierung zu finden, die das Studium des allgemeinen Problems an dem so formulierten mathematischen Modell ermöglicht. Dabei muß dieses mathematische Modell natürlich so gewählt werden, daß die gewonnenen Resultate im Rahmen gewisser Genauigkeitsgrenzen sich tatsächlich bewähren.

Die Aufstellung derartiger mathematischer Modelle erfolgt in einem komplizierten dialektischen Prozeß, bei dem zwischen der Mathematik und dem betreffenden Sachgebiet eine Art von Personal-Union bestehen muß, ähnlich wie dies für die Physik früher der Fall war und zum Teil heute noch der Fall ist. Während früher diese Personal-Union fast immer in der Person eines einzelnen Forschers realisiert war, tritt heute entsprechend der Kompliziertheit der Probleme mit der darauf beruhenden Weiterentwicklung der Wissenschaftsorganisation an seine Stelle im allgemeinen Fall ein Kollektiv, in dem neben Mathematikern Vertreter des betreffendenen Sachgebiets sowie weitere Wissenschaftler, z.B. Ingenieure und Techniker, vereinigt sind. Bei der Aufstellung mathematischer Modelle müssen die Begriffsbildungen und Probleme des betreffenden Sachgebietes in vorläufiger Form vorliegen, wie dies z.B. in der Mechanik vor Galilei der Fall war. Dann wird auf dieser Grundlage eine vorläufige Theorie entwickelt. Diese wird laufend an der Realität überprüft. Dieser Prozeß wiederholt sich mehrmals. Am Ende steht dann evtl. ein so weitgehendes Resultat, wie es z.B. bei der Mechanik mit der Aufstellung des Newtonschen Gravitationsgesetzes der Fall war. Die Entwicklung erreicht sogar evtl. einen gewissen Abschluß in einer Art von Axiomatisierung des betreffenden Gebietes, etwa in einem Axiomensystem der klassischen Mechanik. Auf diese Art wird dann offenbar eine mathematische Struktur festgelegt, für die das betreffende Sachgebiet im Sinne der Strukturtheorie ein Modell liefert.

Während in der weiter zurückliegenden Zeit der Prozeß der mathematischen Modellierung mehr oder weniger spontan oder nur intuitiv gesteuert ablief, ist er in den letzten Jahrzehnten immer stärker zum Gegenstand einer systematischen wissenschaftlichen Untersuchung gemacht worden, bei der wieder mit mathematischen Methoden gearbeitet wird. Als wirksame mathematische Hilfsmittel erweisen sich hierbei die Mathematische Statistik und mit ihr verwandte oder auf ihr beruhende Theorien. Es seien genannt: die Testtheorie, die Regressions- und die Korrelationsanalyse, die Varianzanalyse, die Faktoranalyse, die Entscheidungstheorie, die Spieltheorie, die stochastische Approximation und dgl. Mit diesen Methoden können vorgelegte Hypothesen überprüft, unbekannte Parameter bestimmt oder eingegrenzt, neue Experimente mit dem Ziel einer weiteren Datengewinnung zielgerecht geplant, die Ergebnisse von Experimenten ausgewertet und bewertet und Hinweise für die Korrektur unzureichender Hypothesen und für den Aufbau neuer Hypothesen gewonnen werden.

Natürlich liefern diese Methoden kein allgemeines Verfahren, um ein beliebiges Sachgebiet mathematisch zu behandeln. Dazu ist die Realität viel zu mannigfaltig. Es würde auch den Prinzipien der materialistischen Dialektik widersprechen, wenn man annehmen wollte, daß es überhaupt möglich wäre, ein für alle Mal die Methoden zur Mathematisierung von Einzelwissenschaften in einem allgemeinen Verfahren abzugrenzen. Es ist möglich und so gut wie sicher, daß es immer wieder Gebiete geben wird, bei denen neue Prinzipien oder die schon bekannten in bisher unbekannter Weise zur Anwendung gebracht werden müssen.

Der Prozeß der Mathematisierung von Einzelwissenschaften wirkt intensiv auf die Entwicklung der gesamten Mathematik ein. Einerseits werden schon vorhandene Gebiete und Methoden, z.B. der Analysis, verallgemeinert und verfeinert und andererseits entstehen sogar unter Umständen neue Gebiete der Mathematik. Gegenwärtig ist dies z.B. der Fall im Bereich der stochastischen und diskreten (finiten) Mathematik. Ursache dafür ist, daß bei gewissen neuen Anwendungen der Mathematik, z.B. beim Studium von Planungs- und Leitungsprozessen, sowie Prozessen der Informationsübertragung, -speicherung, und -verarbeitung stochastische und diskrete Vorgänge mathematisch zu behandeln sind.

Abschließend kann festgestellt werden, daß die Entwicklung der Mathematik in ihrer Gesamtheit in einer dauernden Wechselwirkung zwischen einer disziplinären innermathematischen Entwicklung und Anregungen von außen, die über den Prozeß der Aufstellung mathematischer Modelle in die Mathematik aufgenommen werden, verläuft.

5. Zusammenfassung und Prognose der künftigen Arbeit der Klasse

Aus den vorhergehenden Abschnitten ergibt sich, daß in bezug auf die drei angegebenen Themen in der Klasse weitgehend Klarheit und eine einhellige Stellungnahme herbeigeführt wurde. Entsprechend der Situation, in der die Klasse mit ihrer Arbeit begann, wurden bisher stark innerdisziplinäre Probleme der Mathematik behandelt. Das ist aber nicht so zu verstehen, daß jeweils ein schöner Vortrag gehalten wurde, zu dem jeweils eine unverbindliche Diskussion stattfand. Vielmehr wurden bei allen behandelten Problemen stets enge Verbindungen zur Praxis hergestellt und berücksichtigt. Es ist besonders erfreulich, daß nach anfänglichen Schwierigkeiten die Verbindung zum Zentralinstitut für Mathematik und Mechanik sich gut entwickelt hat. Diese Verbindung ist deshalb für die Arbeit der Klasse so wichtig, weil die Klasse weder angestrebt hat noch anstrebt, eigene wissenschaftliche Entwicklungsarbeit im engeren Sinne des Wortes zu leisten. Die Klasse sieht vielmehr die institutionellen Einrichtungen der Akademie, also die Institute und insbesondere das Zentralinstitut für Mathematik und Mechanik als die Träger für die Durchführung der Forschung an.

Die Klasse hat z. Z. bei ihrer Arbeit einen Einschnitt erreicht. Es besteht bei den bisher behandelten Themen weitgehend Klarheit über die Probleme und Arbeitsthemen, die sich hierbei ergeben. Es wird nun die Aufgabe sein, hieraus die entsprechenden Folgerungen für die zukünftige Arbeit der Klasse zu ziehen. Infolgedessen müssen von jetzt ab besonders stark und sogar in erster Linie die interdisziplinären Verflechtungen der Mathematik behandelt werden. Die Klasse wird dazu in den nächsten Wochen und Monaten ein weiterführendes Programm entwickeln. Es zeichnen sich hierbei mehrere Themenkreise ab. Es sollen zum Abschluß dieses Berichtes einige genannt werden.:

I. Thema: *Das Verhältnis der Mathematik zur Physik.*

Bei diesem Thema sollte in enger Verbindung mit der Klasse „Physik in Naturwissenschaft und Technik“ das Verhältnis der Mathematik zur Physik behandelt werden. Hierzu liegen schon erhebliche Vorarbeiten vor, die einer möglichst weitgehenden Klärung zugeführt werden sollten. Die Diskussion sollte so konkret geführt werden, daß sich Empfehlungen an die verschiedenen Einrichtungen der Akademie zur Aufnahme bzw. Weiterführung gewisser gemeinsamer Forschungsvorhaben ergeben.

II. Thema: *Das Verhältnis der Mathematik zur Technik.*

Bei diesem Thema sollte das analoge Problem, das Verhältnis der Mathematik zur Technik, in enger Verbindung mit den Vertretern der Technik behandelt werden. Hierbei scheint es erforderlich zu sein, daß auch besonders stark die Vertreter der Betriebe, insbesondere der VEB und VVB und die zuständigen Ministerien in die Diskussion einbezogen werden. Es muß erreicht werden, daß die Diskussion aus dem Stadium der Deklamation in ein Stadium konkreter Zusammenarbeit übergeführt wird. Es ist nicht sinnvoll, Forderungen an die Mathematik zu stellen, ihrer Aufgabe als Produktivkraft in der Wirtschaft gerecht zu werden, ohne konkret anzugeben bzw. einen Weg zu zeigen, wie dies im Einzelfall geschehen soll.

III. Thema: *Das Verhältnis der Mathematik zu den Natur- und Gesellschaftswissenschaften.*

Dieses Thema ist sehr umfangreich und vielschichtig. Es muß analog wie im Fall der Technik für alle in betracht kommenden Fälle konkretisiert werden. Fruchtbare Ansätze liegen schon im Falle der Chemie und bei gewissen Zweigen der Kybernetik vor. Es ist jedoch vor einer zu breiten, uferlosen Diskussion zu warnen. Nur dann, wenn die Entwicklung so weit fortgeschritten ist, daß man mit wirklich konkreten Ergebnissen rechnen kann, ist eine Behandlung der jeweiligen Thematik sinnvoll.

Über die angegebenen drei Themen hinaus sollte die Klasse, wie bisher, die Entwicklung auf allen mathematischen Forschungsgebieten im Auge behalten. Ihre Mitglieder sollten über besonders wichtige neu erzielte Resultate der eigenen sowie der internationalen Forschung berichten. Denn diese disziplinäre weitere Forschung ist natürlich für die gesamte Entwicklung von der größten Bedeutung.

Im Zusammenhang mit den drei oben genannten Themen kommt auch den Fragen der Ausbildung der Diplom-Mathematiker eine besondere Bedeutung zu. Trotz vieler Ansätze zur Neugestaltung der Studienpläne für Mathematiker ist es bisher nicht gelungen, das Profil des künftigen Diplom-Mathematikers, der in der Praxis voll einsatzfähig ist, richtig herauszuarbeiten. Damit dies möglich ist, müssen gerade die oben angegebenen drei Themen einer Klärung zugeführt werden. Im Fall der Technik ist z.B. an die Entwicklung von Mathematik-Ingenieuren zu denken. Entsprechend ist bei dem Verhältnis der Mathematik zu den Einzelwissenschaften die besondere Bedeutung der sog. Computer-Mathematik zu beachten. Es scheint problematisch, ob die Bildung von Hauptausbildungsrichtungen, z.B. einer solchen für mathematische Kybernetik, wie sie zur Zeit bestehen, den Bedürfnissen der Praxis genügend Rechnung trägt.

Auch die Fragen der Ausbildung der Lehrer und der Schüler der polytechnischen Oberschulen und die Abgrenzung des Schulstoffes sind von großer Wichtigkeit. Hierbei sind seit dem Mathematik-Beschluß des Politbüros des ZK der SED und der Regierung der DDR aus dem Jahre 1962 gute Fortschritte erzielt worden. In der letzten Zeit häufen sich jedoch die Fälle, in denen die Probleme der Mathematik in der Schule viel zu einseitig ausgerichtet gesehen werden auf die formale Ausbildung im logischen Denken. Dies ist besonders zu bemerken bei der Wahl der Themen für Dissertationen und Habilitationsschriften. Es ist keineswegs ausreichend, daß derartige Schriften in noch so vollendeter Form bekannte Kapitel aus den Anfängen der höheren Mathematik darstellen. Bei der Behandlung dieser gesamten Problematik sollte eine enge Verbindung zur Akademie der pädagogischen Wissenschaften hergestellt werden. Die Klasse sollte diese Probleme in enger Verbindung mit den Vertretern der Pädagogik behandeln und eine Stellungnahme erarbeiten.

Zum Abschluß des Berichtes soll nochmals betont werden, daß bei den drei Themen, die in der Berichtszeit behandelt wurden, volle Einmütigkeit erzielt wurde. Der Bericht über die erzielten Ergebnisse ist, worauf mit Nachdruck hingewiesen werden soll, ein einmütiger Bericht der gesamten Klasse. Die Klasse wird sich von jetzt an verstärkt den Problemen der interdisziplinären Verflechtung der Mathematik zuwenden. Sie wird damit, noch mehr als bisher, dem weltweiten Trend zur verstärkten Anwendung der Mathematik Rechnung tragen. Die Klasse wird diese Aufgaben behandeln auf der Grundlage der in zentralen Dokumenten und Beschlüssen der SED und der Regierung der DDR enthaltenen Orientierung, die Wissenschaft der DDR im allgemeinen und die mathematische Forschung im besonderen in den gesellschaftlichen Reproduktionsprozeß einzuordnen und zum Wohle unserer Republik zu nutzen.

Selbstreferate
über die in der Klasse gehaltenen Vorträge

A. PIETSCH (Sitzung am 27. Februar 1969)

Spektraltheorie

Das Grundanliegen der Funktionalanalysis besteht in dem Ziel, die klassische Theorie der linearen Gleichungssysteme auf Operatorengleichungen und somit speziell auf Differential- und Integralgleichungen auszudehnen. Dieses Vorhaben konnte für die selbstadjungierten Operatoren des HILBERT-Raumes in ausgezeichneter Weise verwirklicht werden. Die als Verallgemeinerung der Hauptachsentransformation symmetrischer Matrizen gewonnene Spektraldarstellung ist das wichtigste mathematische Hilfsmittel der Quantenmechanik, weil jeder Observablen (Ort, Impuls, Energie, ...) ein selbstadjungierter Operator zugeordnet werden kann.

Da man bei der Betrachtung von Rückkoppelungsprozessen zwangsläufig auf nicht-selbstadjungierte Operatoren geführt wird, entsteht das Bedürfnis nach einer Spektraltheorie für allgemeine Operatoren in BANACH-Räumen. Insbesondere sind die folgenden Problemkreise interessant:

1. RIESZ-SCHAUDER-Theorie für kompakte Operatoren (FREDHOLMsche Alternative).
2. Entwicklung nach Wurzelelementen (JORDANsche Normalform).
3. Existenz von invarianten Teilräumen (Dreiecksform).
4. Determinantentheorie für nukleare Operatoren.
4. Verteilung der Eigenwerte.

Die Akzente für die Weiterentwicklung dieser Theorie werden gegenwärtig in erster Linie von den Mathematikern aus den sozialistischen Ländern gesetzt.

Literatur

[1] BRODSKIJ, M. S.: Dreiecksform und Jordansche Darstellung für lineare Operatoren. Moskau 1969.

[2] GOCHBERG, I. Z./KREIN, N. G.: Einführung in die Theorie der nichtselbstadjungierten linearen Operatoren. Moskau 1965.

[3] GROTHENDIECK, A.: La théorie de Fredholm. Bull. Soc. Math. France (1956).
[4] PIETSCH, A.: Operatorenideale (Zusammenfassung), Jena 1972.
[5] SZ.-NAGY, B./FOIAS, C.: Analyse harmonique des opérateurs de l'espace de Hilbert. Budapest 1967.
[6] RIESZ, F./SZ.-NAGY, B.: Vorlesung über Funktionalanalysis. Berlin 1956.

L. BUDACH (Sitzung am 22. März 1969)

Der Atiyah-Singersche Indexsatz

Der Vortrag gibt einen Überblick über den ATIYAH-SINGERschen Indexsatz und seinen Zusammenhang mit dem RIEMANN-ROCHschen Satz in seiner modernen, durch HIRZEBRUCH und GROTHENDIECK hergeleiteten Form.

Das Ausgangsproblem des Indexsatzes ist folgendes:

Sei X eine kompakte differenzierbare Mannigfaltigkeit und seien E und F differenzierbare komplexe Vektorbündel über X. Es werden elliptische Differentialoperatoren

$$D : \Gamma(E) \to \Gamma(F)$$

($\Gamma(E)$, $\Gamma(F)$ sind die Räume der globalen differenzierbaren Schnitte der Bündel E und F) betrachtet. Für sie hat GELFAND 1960 bewiesen, daß Ker D und Koker D endlichdimensional sind. Unter dem Index von D versteht man die Zahl

$$\tau(D) = \dim\mathrm{Ker}\, D - \dim\mathrm{Koker}\, D .$$

GELFAND vermutete, daß $\tau(D)$ eine topologische Invariante ist. Der ATIYAH-SINGERsche Indexsatz bestätigt diese Vermutung:

$$\tau(D) = \varkappa^{2m}(\mathrm{ch}\, D\ \mathrm{td}\ \eta) .$$

Die Analogie zum RIEMANN-ROCHschen Satz ist offensichtlich.

In der Tat läßt sich der RIEMANN-ROCHsche Satz für kompakte komplexe Mannigfaltigkeiten aus dem ATIYAH-SINGERschen Indexsatz herleiten. Umgekehrt wurden beim Beweis des allgemeinen RIEMANN-ROCHschen Satzes erst die notwendigen Hilfsmittel geschaffen, die eine Formulierung und einen Beweis des ATIYAH-SINGERschen Satzes möglich machten.

Die Geschichte der Herausbildung dieser beiden Sätze beweist in eindrucksvoller Weise die Vernetzung moderner mathematischer Disziplinen.

A. PIETSCH (Sitzung am 24. April 1969)

Halbgruppen und gewöhnliche Differentialgleichungen in Banach-Räumen

Die einfachsten linearen Systeme können durch gewöhnliche Differentialgleichungen der Form

$$\dot{z}(t) = Az(t) + f(t)$$

erfaßt werden. Dabei beschreibt der Zustandsvektor $z = (\zeta_1, \ldots, \zeta_n)$ die innere Situation des Systems (Druck, Temperatur, Konzentration, ...) und $f = (\varphi_1, \ldots, \varphi_m)$ die äußeren Einwirkungen (Steuerparameter), während die Matrix A das Gesamtverhalten charakterisiert. Befindet sich das System zum Zeitpunkt t_0 im Zustand z_0, so ergeben sich die Zustände $z(t)$ für alle $t \geqq t_0$ durch Lösung des Anfangswertproblems.

Während man den Zustand eines elektrischen Netzes sehr exakt durch die Angabe von endlichvielen Stromstärken und Spannungen erfassen kann, werden für die Beschreibung komplizierterer Systeme ortsabhängige Zustandsfunktionen (Druck-, Temperatur-, Konzentrationsverteilung, ...) benötigt. In diesem Fall geht die gewöhnliche in eine partielle Differentialgleichung über. Das elementarste und zugleich wichtigste Beispiel ist die Wärmeleitungs- oder Diffusionsgleichung:

$$\frac{\partial}{\partial t} z(x, t) = \Delta z(x, t) + f(x, t).$$

Eine wesentliche Erkenntnis besteht in der Tatsache, daß man diese partielle Differentialgleichung als eine gewöhnliche Differentialgleichung in einem BANACH-Raum auffassen kann, dessen Elemente die Zustandsfunktionen $z(x)$ sind. Bei dieser Verallgemeinerung wird die Matrix A durch den LAPLACE-Operator Φ ersetzt.

Die formale Lösung der homogenen Differentialgleichung

$$\dot{z}(t) = Az(t)$$

führt auf den Ausdruck

$$z(t) = e^{tA} z_0.$$

Da man diesem Ansatz durch Interpretation als Potenzreihe einen Sinn geben kann, entsteht eine Schar von sogenannten Übergangsoperatoren $U_t = e^{tA}$, die wegen der Beziehung $U_{s+t} = U_s U_t$ eine Halbgruppe bilden. Besonders interessant ist die Feststellung, daß sich jede Operatorenhalbgruppe auf diese Weise aus einem infinitesimalen Operator A erzeugen läßt. Damit hat man nämlich gezeigt, daß die Differentialgleichungen das zwangsläufige mathematische Hilfsmittel für die Behandlung von stationären und kausalen Systemen ohne Gedächtnis sind.

Literatur

[1] HILLE, E./PHILLIPS, R.: Functional analysis and Semi-groups. Providence 1957.
[2] KREIN, S. G.: Lineare Differentialgleichungen in Banach-Räumen. Moskau 1967.

W. Engel (Sitzung am 18. September 1969)

Algebraisierung der Algebraischen Geometrie

Die Algebraische Geometrie entwickelte sich aus der Theorie der algebraischen Kurven und Flächen in der Ebene und im Raum (affin oder projektiv). In der zweiten Hälfte des 19. Jahrhunderts wurde von M. Noether die klassische algebraische Geometrie begründet und besonders von der sog. italienischen Schule weitergeführt. In dieser Zeit spielten die Beziehungen zur Funktionentheorie eine wichtige Rolle (Riemann, Clebsch, Weierstrass). In der ersten Hälfte des 20. Jahrhunderts wurden von E. Noether und van der Waerden Untersuchungen mit algebraischen Mitteln aufgenommen. Dabei lassen sich zwei Hauptrichtungen erkennen:

1. die Theorie der Polynomideale,
2. die Bewertungstheorie.

Der Prozeß der Algebraisierung wird an Beispielen verdeutlicht: Nachbarpunkte — Stelle (Bewertung) — abstrakte Mannigfaltigkeit, Funktionenkörper, Punktgruppen — Divisoren, Riemann-Rochscher-Satz.

G. WILDENHAIN (Sitzung am 23. Oktober 1969)

Über einige Entwicklungstendenzen in der Theorie der Randwertaufgaben elliptischer Differentialgleichungen

Der Vortrag versucht, einen Überblick über die wichtigsten gegenwärtig zu beobachtenden Entwicklungslinien innerhalb der Theorie der Randwertaufgaben elliptischer Differentialgleichungen zu geben. Dabei geht es besonders darum, Wesen, Wirksamkeit und Grenzen der funktionalanalytischen Methoden einerseits und der potentialtheoretischen Methoden andererseits aufzuzeigen. Ausgehend von den für die funktionalanalytische Behandlung der Theorie der Randwertaufgaben grundlegenden Begriffen der schwachen Ableitung, der SOBOLEVschen Räume und der schwachen Lösung einer Differentialgleichung, wird das folgende allgemeine Schema betrachtet:

1. Das gegebene Randwertproblem muß in geeignet verallgemeinerter funktionalanalytischer Form betrachtet werden.
2. Das verallgemeinerte Problem ist mit funktionalanalytischen Hilfsmitteln zu lösen.
3. In anschließenden Regularitätsbetrachtungen hat man zu zeigen, daß die verallgemeinerte Lösung
   a) eine klassische Lösung ist und
   b) die Randwerte im klassischen Sinne annimmt.

Entsprechend diesem Schema werden zunächst im Zusammenhang mit Punkt 2 die wichtigsten Methoden der Existenztheorie beschrieben. Dabei handelt es sich um die Methode der selbstadjungierten Erweiterung (K. O. FRIEDRICHS, H. WEYL, M. G. KREIN, J. M. BEREZANSKIJ, M. A. NEUMARK u.a.) und die von der Methode der orthogonalen Projektion (H. WEYL) ausgehende, von M. I. VIŠIK, L. GÅRDING, F. E. BROWDER, L. NIRENBERG, J. L. LIONS, M. SCHECHTER, J. NEČAS und anderen weiterentwickelte auf Koerzivitätsungleichungen beruhende Methode. Auf die moderne Entwicklung der Theorie der Pseudodifferentialoperatoren wird hingewiesen. Ferner wird auf die in der Literatur vorhandenen Ergebnisse bezüglich der Regularitätstheorie eingegangen. Dabei besteht ein Hauptziel des Vortrages darin, die zahlreichen in diesem Zusammenhang vorhandenen Lücken und ungelösten Probleme aufzuzeigen und dabei auf die Möglichkeiten zur Anwendung der Potentialtheorie auf diese Fragen und die in dieser Richtung bereits vorliegenden Ansätze und Ergebnisse hinzuweisen.

H. BAUMGÄRTEL (Sitzung am 20. November 1969)

Neue Ergebnisse und Methoden in der analytischen Störungstheorie diskreter Spektren

Das Problem der analytischen Störung isolierter Eigenwerte endlicher algebraischer Vielfachheit ist besonders im Zusammenhang mit der Entwicklung der Quantentheorie von Bedeutung geworden. Eine formale Lösung (für selbstadjungierte reellanalytische Störungen selbstadjungierter Operatoren) wurde von E. SCHRÖDINGER durch einen Ansatz gegeben, der davon ausgeht, daß die gestörten Größen (Eigenwerte, Eigenvektoren) Potenzreihen im Störparameter ε sind.

Die Frage der Rechtfertigung des SCHRÖDERschen Ansatzes und der Konvergenz der SCHRÖDINGERschen Störungsreihen ist später von F. RELLICH behandelt worden. Ergebnis war der bekannte Satz von RELLICH über die Existenz endlich vieler reellanalytischer gestörter Eigenwerte und zugehöriger reellanalytischer gestörter orthonormierter Eigenvektoren für reellanalytische selbstadjungierte Störungen eines selbstadjungierten Operators in bezug auf einen isolierten Eigenwert endlicher Vielfachheit.

Später wurde auf Grund verschiedener Impulse das entsprechende Störungsproblem für beliebige (holomorphe) Störungen eines nicht notwendig selbstadjungierten Operators gestellt. Obwohl die Problemstellung damit verallgemeinert wurde, gewann die Theorie zunächst an Einfachheit und Klarheit durch die Einführung neuer zugkräftiger Methoden, z.B. des RIESSschen Resolventenintegrals, durch B. v. SZ.-NAGY und T. KATO. Trotzdem konnte für die allgemeine Theorie keine Endgültigkeit (wie etwa im selbstadjungierten Fall das RELLICH-Resultat) erreicht werden, die Theorie wurde nicht zu Ende geführt. Der Grund dafür lag in der Hauptsache im Auftreten qualitativ neuer Erscheinungen, wie z.B. Verschiedenheit von algebraischer und geometrischer Vielfachheit.

Der Inhalt des Vortrags zeigt Methoden auf, mit deren Hilfe die Theorie zum prinzipiellen Abschluß gebracht wird.

Wesentlich dafür ist eine Reduktion des Problems auf den endlichdimensionalen Fall, eine Durchmusterung der Theorie linearer Operatoren endlichdimensionaler Räume über kommutativen Körpern (z.B. Fixierung des Begriffs Eigenprojektor ohne Benutzung des RIESSschen Integrals) und Wahl geeigneter Funktionenkörper, die mittels der Primfaktorzerlegung des charakteristischen Polynoms definiert werden. Von den wesentlichen, die Theorie abschließenden Resultaten des Vortrags soll folgendes explizit formuliert werden:

Ist $A(z)$ eine beschränkt-holomorphe Operatorfunktion in $|z| < r$ und λ_0 ein isolierter Eigenwert endlicher algebraischer Vielfachheit von $A_0 = A(0)$, so gibt es ein ϱ, $0 < \varrho \leqq r$, derart, daß $A(z)/P(z)\, X$ (X zugrunde liegender BANACH-Raum, $P(z)$ der zu λ_0 gehörende Gruppenprojektor) in $0 < |z| < \varrho$ eine invariante JORDAN-Struktur besitzt. Alle Spektralgrößen (Eigenwerte, Eigenprojektoren, irreduzible reduzierende Projektoren, Eigenvektoren, JORDAN-Vektoren) besitzen in $0 \leqq |z| < \varrho$ konvergente Potenzreihenentwicklungen nach Potenzen von $Z^{1/p}$ (p natürliche Zahl).

Im Vortrag wurden weitere Resultate dargelegt sowie Anwendungen der Resultate auf die störungstheoretische Reduktionstheorie, auf das Problem der iterativen Bestimmung gestörter Eigenwerte und -vektoren bei mehrfachem ungestörten Eigenwert sowie auf die Theorie der charakteristischen Zahlen und Ketten bei Polynomialoperatoren und auf andere Probleme behandelt. Auch auf das Problem der Abschätzung der Konvergenzradien von Störungsreihen wurde eingegangen.

Die im Vortrag dargelegte Theorie ist in Buchform beim Akademie-Verlag erschienen unter dem Titel: H. BAUMGÄRTEL, Endlichdimensionale analytische Störungstheorie, Akademie-Verlag, Berlin 1972.

W. TUTSCHKE (Sitzung am 18. Dezember 1969)

Neue Fragestellungen der ein- und mehrdimensionalen komplexen Analysis und geometrische Anwendungen

Die klassische Funktionentheorie ist zunächst in zwei Richtungen verallgemeinert worden:

a) Theorie der verallgemeinerten analytischen (= morphen) Funktionen einer komplexen Variablen.

b) Theorie der holomorphen Funktionen mehrerer komplexer Variablen.

In beiden Fällen sichert die komplexe Betrachtungsweise, daß die entsprechenden Theorien vor allem auch Fragen der globalen Analysis zu erfassen gestatten. Durch die Beschränkung auf *eine* komplexe Variable im Fall a) bzw. auf *holomorphe* (und meromorphe) Funktionen im Fall b) treten unnötige Beschränkungen der komplexen Betrachtungsweise ein, die durch die Entwicklung einer allgemeinen

Theorie morpher Funktionen mehrerer komplexer Variablen

aufgehoben werden. Zu dieser Theorie, ihren Anwendungen und ihren Vorläufern wurden im Vortrag im einzelnen die folgenden Angaben gemacht:

1. In der klassischen (holomorph eindimensionalen) Funktionentheorie kommt der globale Charakter insbesondere durch das Prinzip der analytischen Fortsetzung und durch den Begriff der RIEMANNschen Fläche (komplex eindimensionale Mannigfaltigkeit mit holomorpher Struktur) zum Ausdruck.

2. In der Theorie der morphen Funktionen einer komplexen Variablen bietet die Lösung der inhomogenen CAUCHY-RIEMANNschen Differentialgleichung durch ein Doppelintegral mit CAUCHY-Singularität Möglichkeiten zu globalen Konstruktionen. Beispielsweise liefert sie eine globale Faktorisierung der Lösungen der in der Schalentheorie auftretenden VEKUAschen Differentialgleichung. Dadurch kann man beispielsweise die Klassifizierung der isolierten Singularitäten von Lösungen der VEKUAschen Differentialgleichung auf die der holomorphen Funktionen zurückführen. Prinzipielles Interesse verdient auch die Tatsache, daß nach einem Resul-

tat von R. KOMIN Hebbarkeitssätze für isolierte Singularitäten komplexwertiger Funktionen auch gelten, wenn die Funktion keiner Differentialgleichung genügt, sondern wenn nur die Ableitung zu einem L_p gehört.

3. Wesentliche Problemstellungen der mehrdimensionalen Funktionentheorie [die auch zur Entwicklung algebraischer (garbentheoretischer) Methoden Anlaß gaben] sind die Probleme der globalen Konstruktion holomorpher Funktionen mit vorgeschriebenen Singularitäten bzw. vorgeschriebenem Nullstellenverhalten (COUSIN-Probleme).

4. Neuere Ergebnisse der allgemeinen komplexen Analysis beziehen sich beispielsweise auf die Konstruktion globaler Lösungen relativ allgemeiner partieller komplexer Differentialgleichungen (auch höherer Ordnung), auf lokale und globale Konstruktionen von Stammfunktionen im schwachen Sinn und auf die Diskussion (linearer und nichtlinearer) vollständiger partieller komplexer Differentialgleichungssysteme. Beispielsweise gilt (nach einem Resultat von W. TUTSCHKE), daß das Nullstellengebilde morpher Funktionen mehrerer komplexer Variabler genau dann eine analytische Menge ist, wenn die Funktion Lösung einer (linearen) vollständigen partiellen komplexen Differentialgleichung ist.

5. Eine erste Gruppe von Anwendungen der komplexen Analysis in der Geometrie besteht darin, daß man morphe Funktionen zur Darstellung von Punktmengen heranzieht, die in euklidische Räume eingebettet sind. Beispielsweise kann man (nach Betrachtungen von J. NAAS und W. TUTSCHKE) in der Flächentheorie Analoga zum Bogenlängenparameter der Kurventheorie konstruieren bzw. für isotrope komplexe Kurven einen VESSIOT-STUDYschen Parameter einführen. G. KNEIS hat für negativ gekrümmte Flächen (über einfach zusammenhängenden Definitionsmengen) eine kanonische Form der zweiten Fundamentalform der Flächentheorie gefunden.

6. In der Mannigfaltigkeitstheorie bestehen für komplexe Betrachtungsweisen im wesentlichen die zwei folgenden Möglichkeiten: Einmal die Betrachtung von Mannigfaltigkeiten mit komplexen Strukturen (z.B. holomorphe Strukturen oder Mannigfaltigkeiten mit linearen Strukturrelationen), zum anderen (nach S. und W. GÄHLER) die Einführung komplexer (oder streng komplexer) Strukturen in gegebene Mannigfaltigkeiten, auch solche, die über BANACH-Räume modelliert sind.

Hinweis. In der Zwischenzeit, insbesondere in den Jahren 1971/72, wurde für nichtlineare partielle komplexe Differentialgleichungen eine allgemeine Theorie entwickelt, die auf der funktionalanalytischen Behandlung zugehöriger Integro-Differentialgleichungen beruht. Darin ist die Erkenntnis eingeschlossen, daß sich bei der funktionalanalytischen Behandlung partieller komplexer Differentialgleichungen im Fall mehrerer Variabler Integro-Differentialgleichungen ergeben, während es bei einer Variablen nur Integralgleichungen sind. Das wesentliche Ergebnis besteht in der Konstruktion einer Funktionaltransformation, die die Lösungsmenge w eineindeutig auf die Menge der holomorphen Funktionen H abbildet. Diese Abbildung ist ein Homöomorphismus, wenn w und H in einen geeigneten topologischen Raum eingebettet werden.

L. BUDACH gemeinsam mit H.-J. HOEHNKE (Sitzung am 5. Februar 1970)

Homologie und Automaten

In der gesamten Entwicklung der Mathematik kann man das Bemühen der Mathematiker verfolgen, komplizierte mathematische Probleme auf Fragen der linearen Algebra zurückzuführen bzw. sie mit den Methoden der linearen Algebra zu behandeln.

Als Beispiele seien hier nur erwähnt: die analytische Geometrie, die Theorie der Darstellungen von Gruppen, die Theorie der Vektorbündel, große Teile der Funktionalanalysis und der numerischen Mathematik.

Dieser Linearisierungsprozeß hat auch vor der Behandlung diskreter Strukturen nicht haltgemacht. Es sei nur an die durch H. SACHS initiierte Behandlung von Graphen mittels ihres charakteristischen Polynoms erinnert.

So ist es auch verständlich, daß, einhergehend mit der Entwicklung der Theorie der abstrakten Automaten, stets eine Automatenklasse besondere Beachtung erfuhr: die Klasse der linearen Automaten. Die Untersuchung dieser Automaten ist in zweifacher Hinsicht von besonderer Bedeutung

— durch die Verwendung von Methoden der linearen Algebra erhält man besonders übersichtliche Ergebnisse und eine elegante Theorie.
— lineare Automaten zeichnen sich durch gewisse praktische Vorzüge aus: einfacher logischer Aufbau, Superpositionsprinzip.

Jedoch haben lineare Automaten einen ihre Bedeutung wesentlich einschränkenden Nachteil. Nicht jeder endliche Automat läßt sich durch einen linearen Automaten über einem endlichen Körper (in der Praxis ist das zumeist der Primkörper der Charakteristik 2) realisieren.

Im Vortrag wurde ein neuer Typ von Automaten, die bilinearen Automaten vorgestellt, der im wesentlichen die Vorzüge der linearen Automaten mit dem Vorzug der Universalität verbindet: Jeder endliche Automat läßt sich in einem endlichen bilinearen Automaten (bei beliebiger Wahl des Grundkörpers k) realisieren.

Bei der Untersuchung der Eigenschaften und der Struktur bilinearer Automaten ergeben sich interessante mathematische Fragestellungen:

1. Die Äquivalenz der Begriffe „Maschine" im Sinne von KROHN und RHODES und „sequentielle Funktion" erfährt bei bilinearen Automaten eine Spezifik. Während Maschinen ein außerordentlich einfaches algebraisches Verhalten zeigen — es sind einfach lineare Abbildungen einer Tensoralgebra in einen Modul — haben die dazu äquivalenten sequentiellen Funktionen ein wesentlich undurchsichtigeres Verhalten. Infolgedessen wurde beim Analyse-Synthese-Satz für bilineare Automaten die Maschinensprache benutzt.

2. Die Klasse aller bilinearen Automaten mit festem Eingabemodul X bildet für projektives X eine ABELsche Kategorie K-Aut X mit genügend viel injektiven Objekten. Ist K ein Körper, so besitzt also K-Aut X stets diese Eigenschaft. Infolgedessen definiert jeder additive Funktor in eine ABELsche Kategorie eine Folge von Derivierten und damit eine Kohomologietheorie.

3. Die Reduktion bilinearer Automaten führt auf die Betrachtung des Funktors Red, der jedem Automaten S die Menge der zum Nullzustand äquivalenten Zustände zuordnet. Da Red im allgemeinen nur linksexakt ist, müssen für detaillierte Untersuchungen auch die Derivierten dieses Funktors herangezogen werden. Die so definierte Kohomologietheorie hat noch relativ einfache Eigenschaften.

4. Wesentlich schwierigere Kohomologietheorien ergeben sich beim Studium von Mortalitäts- und Stabilitätseigenschaften von Automaten. Die dabei entwickelten Theorien stellen Verallgemeinerungen der Kohomologie endlicher Gruppen und Halbgruppen dar.

Literatur

[1] BUDACH, L./HOEHNKE, H.-J.: Über eine einheitliche Begründung der Automatentheorie. Mathematisches Seminar der Humboldt-Universität zu Berlin 1969/70.

[2] BUDACH, L.: Kohomologie von abstrakten Automaten. Mathematisches Seminar der Humboldt-Universität zu Berlin 1969/70.

[3] BUDACH, L./HOEHNKE, H.-J.: Automaten und Funktoren. Akademie-Verlag, Berlin 1974.

L. Berg (Sitzung am 2. April 1970)

Anfangswertprobleme vom Standpunkt der Algebra

In den letzten Jahren sind von S. Bellert, I. Dimovski, V. A. Ditkin, N. A. Meller, P. A. Muravjew, S. I. Osipov, A. P. Prudnikov und anderen Autoren Operatorenrechnungen für spezielle Operatoren begründet worden, die sich eng an das Vorbild des bekannten Buches von J. Mikusiński (1957) anschließen. Bei diesen Fällen ist die Operatormultiplikation unbeschränkt ausführbar, kommutativ und nullteilerfrei. Gibt man eine oder mehrere dieser Voraussetzungen auf, so gelangt man zu Verallgemeinerungen, die von E. Berz, R. Bittner, V. Dobrowolny, J. Hirche sowie in weiteren Arbeiten von J. Mikusińksi behandelt worden sind. Alle diese Spezialfälle lassen sich zu einer allgemeinen Operatorenrechnung zusammenfassen, deren Grundzüge im folgenden skizziert werden sollen.

Wir beginnen mit einem Modul $\mathfrak{M}$ und einer Menge von additiven Operatoren A, B, die $\mathfrak{M} \to \mathfrak{M}$ abbilden. Mit den Definitionen

$$(AB)\, f = A(Bf),\ (A + B)\, f = Af + Bf$$

für beliebige $f \in \mathfrak{M}$ erzeugen diese Operatoren einen Ring $\mathfrak{R}$, von dem wir stets annehmen können, daß er den Einheitsoperator E als Einselement besitzt. Die Hauptaufgabe der Operatorenrechnung besteht in der Auflösung von Gleichungen der Gestalt

$$Ay = f$$

nach $y \in \mathfrak{M}$, d.h. in der Konstruktion des inversen Operators A^{-1} mit $AA^{-1} = A^{-1}A = E$. Nach Einführung eines geeigneten Konvergenzbegriffes kann diese Konstruktion bei Operatoren der Form $A = E - R$ mit Hilfe der Neumannschen Reihe

$$(E - R)^{-1} = E + R + R^2 + \cdots$$

erfolgen. Allgemeinere Operatoren werden durch Faktorisierung $A = A_1 A_2 \ldots A_n$ auf Operatoren A_v zurückgeführt, für die A_v^{-1} bereits bekannt ist.

Für die Existenz von A^{-1} ist notwendig, daß A regulär ist, die Gleichung $Ay = 0$ also nur die triviale Lösung $y = 0$ besitzt. Gehört A^{-1} nicht zu $\mathfrak{R}$, so läßt sich $\mathfrak{R}$ zu einem Quotientenring $\mathfrak{R}^*$ erweitern, der A^{-1} enthält, falls A beispielsweise zum Zentrum von $\mathfrak{R}$ gehört oder einer allgemeineren Bedingung genügt, die man bei O. ORE (1931) und K. ASANO (1949) findet. Beim Übergang von $\mathfrak{R}$ zu $\mathfrak{R}^*$ muß in der Regel auch $\mathfrak{M}$ zu einem umfassenderen Modul $\mathfrak{M}^*$ erweitert werden, dessen Elemente Distributionen heißen.

Das Charakteristische an der Operatorenrechnung ist die Einführung eines additiven Operators D von $\mathfrak{D} \to \mathfrak{M}$ mit $\mathfrak{D} \in \mathfrak{M}$, der die Elemente eines Teilmoduls $\mathfrak{N} \subset \mathfrak{D}$ als Nullösungen besitzt. Weiterhin sei T ein regulärer Operator von $\mathfrak{R}^*$, für den $DT = E$ gilt bei Einschränkung auf $\mathfrak{M}$. Der Operator

$$\gamma = E - TD$$

ist dann ein Projektionsoperator von $\mathfrak{D} \to \mathfrak{N}$, der die Elemente von $\mathfrak{N}$ invariant läßt. Das Bildelement

$$y_0 = \gamma y$$

eines Elementes $y \in \mathfrak{D}$ bezeichnen wir als Anfangswert von y. Aus der Definitionsgleichung für γ folgt unmittelbar $y_0 = y - TDy$ und hieraus durch vollständige Induktion die TAYLORsche Formel

$$y = y_0 + Ty_1 + \cdots + T^{n-1} y_{n-1} + T^n D^n y$$

mit

$$y_\nu = \gamma\, D^\nu y$$

für $\nu = 0, 1, \ldots, n-1$, sofern vorausgesetzt wird, daß $D^n y$ existiert und dann natürlich zu $\mathfrak{M}$ gehört.

Unter einem Anfangswertproblem versteht man jetzt die Auflösung einer Gleichung der Form

$$(a_0 D^n + a_1 D^{n-1} + \cdots + a_n)\, y = f \qquad (*)$$

mit $a_\nu \in \mathfrak{R}$ und $f \in \mathfrak{M}$ nach einem Element y mit $D^n y \in \mathfrak{M}$ bei vorgegebenen Anfangswerten $y_\nu \in \mathfrak{N}$ für $\nu = 0, 1, \ldots, n-1$. Mit Hilfe der TAYLORschen Formel findet man, daß jede Lösung dieses Anfangswertproblems auch eine Lösung der Gleichung

$$(a_0 + a_1 T + \cdots + a_n T^n)\, z = f - \sum_{\nu=1}^{n} a_\nu (y_{n-\nu} + T\, y_{n-\nu+1} + \cdots + T^{\nu-1} y_{n-1}) \qquad (**)$$

ist, wobei die Substitution $D^n y = z$ durchgeführt wurde. Umgekehrt führt jede Lösung $z \in \mathfrak{M}$ von (**) zu einer Lösung des Anfangswertproblems. Es kann jedoch auch vorkommen, daß (**) eine Lösung $z \in \mathfrak{M}^*$ besitzt, die nicht zu $\mathfrak{M}$ zu gehören braucht. In diesem Fall heißt das Element

$$y = y_0 + Ty_1 + \cdots + T^{n-1}y_{n-1} + T^n z$$

eine schwache Lösung des Anfangswertproblems. Hat eine schwache Lösung y die Eigenschaft $D^n y \in \mathfrak{M}$, dann sprechen wir von einer verallgemeinerten Lösung. Offenbar genügt eine verallgemeinerte Lösung der Gleichung (*), aber nicht unbedingt den Anfangsbedingungen, da hierbei $DT \neq E$ sein kann.

Wegen weiterer Einzelheiten sei auf das Buch „Operatorenrechnung I" des Verf. verwiesen, das sich in Vorbereitung befindet.

H. KOCH (Sitzung am 5. März 1970)

Algebraische Tendenzen in der Zahlentheorie

Der Vortrag beschäftigte sich mit verschiedenen Tendenzen in der algebraischen Zahlentheorie. Es wurde herausgestellt, daß — obgleich Anregungen für wesentliche Entwicklungen in der algebraischen Zahlentheorie von analytischen Begriffsbildungen und Funktionen ausgehen (L-Reihen, Modulfunktionen) — die spätere Entwicklung zu einer rein algebraischen Begründung algebraischer Sachverhalte führte. Die dabei entwickelten Methoden (Kohomologie von Gruppen, Modultheorie) hatten und haben eine starke Ausstrahlung auf andere Gebiete der Mathematik, insbesondere auf die Algebra.

Durch die Entwicklung der p-adischen Analysis, die in der reinen Mathematik gleichberechtigt neben der gewöhnlichen Analysis steht, fand einerseits die Analysis einen neuen Standort innerhalb des Gesamtsystems der reinen Mathematik, andererseits wurde damit auch die entgegengesetzte Tendenz sichtbar, analytische Methoden in der algebraischen Zahlentheorie in stärkerem Maße nutzbar zu machen, als das bei der gewöhnlichen Analysis der komplexen Zahlen möglich ist.

Darüber hinaus gab der Vortrag eine historische Übersicht über das immer stärkere Eingreifen algebraischer Methoden in der Zahlentheorie, die mit der Herausbildung der selbständigen Disziplin „Algebraische Zahlentheorie“ in Verbindung steht.

R. SULANKE (Sitzung am 14. Mai 1970)

Algebraische Methoden in der Differentialgeometrie

In den Jahren seit etwa 1950 werden in zunehmendem Maße Faserbündelmethoden in der Differentialgeometrie angewandt. Hierdurch ergibt sich die Möglichkeit, die Differentialgeometrie über differenzierbaren Mannigfaltigkeiten aufs innigste mit algebraischen Strukturen zu verflechten. Schon seit dem Erlanger Programm (1872) von F. KLEIN ist die fundamentale Bedeutung der LIEschen Gruppen für die Einteilung der klassischen Geometrien klar. In dem Vortrag wurde eine moderne Formulierung des Erlanger Programms in der Sprache der Kategorien gegeben; insbesondere wurde der von F. KLEIN in einem zwar sehr allgemeinen, aber doch recht vagen Sinne benutzte Begriff der Invariantentheorie einer LIEschen Gruppe G präzisiert. Die G-Invarianten erscheinen in unserer Auffassung als Morphismen der Kategorie der Transformationsgruppen mit der Bewegungsgruppe G: der G-Geometrie. Zu jedem Hauptfaserbündel mit der Strukturgruppe G bestimmen wir eine Kategorie, die zur G-Geometrie isomorph ist; die Morphismen sind die Bündelinvarianten. Hierdurch wird der Wirkungsbereich des Erlanger Programms bedeutend erweitert. Bekanntlich existiert ein Funktor, der jeder LIEschen Gruppe G ihre LIE-Algebra und jeder stetigen Homomorphie der LIE-Gruppen eine Homomorphie der LIE-Algebren zuordnet. Zwei LIEsche Gruppen, die dieselbe LIE-Algebra besitzen, sind lokal isomorph; sind sie zusammenhängend und einfach zusammenhängend, so sind sie sogar isomorph. Dies gestattet es, viele differentialgeometrische Probleme auf algebraische zurückzuführen. Im Vortrag wurde dieses Prinzip an einigen wichtigen Beispielen illustriert. So wurde die Theorie der Zusammenhänge in Hauptfaserbündeln beschrieben und der tiefliegende Satz von DE RHAM über die Holonomietheorie RIEMANNscher Mannigfaltigkeiten geschildert. Ferner erwähnten wir die darstellungstheoretischen Methoden für die Bestimmung invarianter geometrischer Objekte in KLEINschen Räumen.

Die Algebraisierung der Differentialgeometrie hat bereits große Fortschritte gemacht und zu interessanten globalen Resultaten geführt. Es gibt jedoch noch zahlreiche offene Probleme, z.B. die Entwicklung einer allgemeinen Theorie der Untermannigfaltigkeiten, die noch weiterer Bearbeitung bedürfen. Dabei wird zweifellos der Begriff der LIEschen Gruppe wegen seines die mathematischen Grunddisziplinen Analysis, Algebra, Geometrie verbindenden Charakters eine fundamentale Rolle spielen. Ferner wurden in zunehmenden Maße homologische Methoden und die Sprache der Kategorien herangezogen.

N. J. LEHMANN (Sitzung am 11. Juni 1970)

Über Probleme und Bedeutung der Intervallarithmetik

Für die Herleitung numerischer Rechenprozesse wird meist der reelle Zahlkörper $\mathbb{R}$ zugrunde gelegt. Bei der Abarbeitung im Rechenautomaten wird dieser dann über eine Rundungsvorschrift mit einem endlichen Zahlengitter $\mathbb{R}_M$ approximiert. Der resultierende Abrundungsfehler läßt sich bei zunehmender Rechengeschwindigkeit und bei der automatischen Durchführung immer komplexerer Algorithmen nur schwer überblicken und beherrschen. Zudem können auch grundsätzliche logische Fragen auftreten, wenn der Algorithmus z. B. entscheidend von Zahlenvergleichen abhängt (Bsp.: Nullstellenzählung bei Polynomen mit STURMscher Kette).

Als ein Mittel zur Beherrschung dieser praktisch und theoretisch wichtigen Probleme wurde etwa seit 1960 von R. E. MOORE [1] auf der Menge der abgeschlossenen Intervalle

$$I(\mathbb{R}) = \{A \mid A = \langle a, b\rangle; a, b \in \mathbb{R}; a \leqq b\} \tag{1}$$

eine Intervallarithmetik mit den Operationen ($\circ$ steht für $+$, $-$, $\times$, $:$)

$$A \circ B = \{a \circ b \mid a \in A, b \in B; A, B \in I(\mathbb{R}); 0 \notin B \text{ bei Div.}\} \in I(\mathbb{R}) \tag{2}$$

ausgebaut.[1]) Dabei ergeben sich bzgl. der Addition und Multiplikation kommutative Monoide, für die in $I(\mathbb{R})$ keine Inverse existiert. Diese Operationen sind zudem nur durch eine Subdistributivität $(A + B) \times C \subset A \times C + B \times C$ verbunden.

Für die praktische Fehlerverfolgung erweist sich die Monotonie der Operationen bzgl. der Inklusion als entscheidend:

$$A \subset B \text{ und } C \subset D \rightarrow A \circ C \subset B \circ D. \tag{3}$$

Dies gestattet für alle rationalen $f(t_1, \ldots, t_n) = f(t)$, $t \in A_1 \times \cdots \times A_n = A \in I^n(\mathbb{R})$ — falls auf A keine Division durch Null vorkommt — die Ein-

[1]) Mit anderer Zielstellung wurden schon 1931 von R. C. YOUNG [2] ähnliche Hilfsmittel entwickelt.

schließungsaussage

$$\{f(t) \mid t \in A\} \subset \mathring{f}(A_1, \ldots, A_n). \tag{4}$$

(Dabei wird $\mathring{f}$ nach der Intervallarithmetik ausgewertet).

Dieses Ergebnis bleibt gültig, wenn die Intervalloperationen nach (2) durch eine „Aufrundung" bzgl. $I(\mathbb{R}_M)$ ergänzt werden, solange nur $A \circ B \subset (A \circ B)_{\text{gerundet}} \in I(\mathbb{R}_M)$ garantiert ist. Mit (4) läßt sich offensichtlich in allen rationalen Rechenprozessen der Einfluß von Schwankungsbereichen für Parameter und die Wirkung von Abrundungen streng erfassen. (Die Qualität der Einschließungen kann durch Zerlegung von A und durch günstige Operationsfolgen wesentlich beeinflußt werden.)

Obwohl die Struktureigenschaften der mit (1)/(2) festgelegten Intervallalgebra noch recht arm sind, lassen sich etwa mit dem Abstandsbegriff $d(A, B) = \max(|a_1 - b_1|, |a_2 - b_2|)$ bei $A = \langle a_1, a_2 \rangle$, $B = \langle b_1, b_2 \rangle$ Topologien einführen und funktionalanalytische Methoden anwenden. Trotz der erzielten Erfolge bleibt die Frage nach einer Intervallarithmetik mit reicheren Strukturen noch offen.

Schon 1956 wurde von Warmus [3] für die Grundmenge $I = \{\langle a, b \rangle \mid a, b \in \mathbb{R}\}$ — ohne die Forderung $a \leqq b$ aus (1) — eine Intervallalgebra mit den Operationen $A \circ B = \langle a_1 \circ b_1, a_2 \circ b_2 \rangle$ bei $A = \langle a_1, a_2 \rangle$, $B = \langle b_1, b_2 \rangle \in I$ vorgeschlagen. Das führt auf eine Ringstruktur. Leider sind die Zusammenhänge mit den Intervalloperationen nach (2) recht unhandlich, so daß sich bei der Anwendung Schwierigkeiten ergaben.

1968 hat Ortolf [4] eine Fortsetzung der Additions- und Multiplikationsvorschriften nach (1)/(2) für $I \supset I(\mathbb{R})$ angegeben, die auch Bildung der Inversen gestattet. Letztere steht in engstem Zusammenhang mit der Subtraktion und Division nach (2). Das Ergebnis sind Abelsche Gruppen, die subdistributiv verbunden sind. Infolge des engen Zusammenhangs mit (2) lassen sich sofort auch die auf (3)/(4) basierenden Fehlereingrenzungen ausführen — gelegentlich kann sogar deren Qualität durch Abschätzungen von innen her verbessert werden.

Insgesamt steht die Theorie und Praxis der Intervallarithmetik noch sehr am Anfang. Trotzdem und ungeachtet mancher Vorbehalte bzgl. ihrer Bedeutung wird sie zunehmend andere Methoden der Fehlerbetrachtung ergänzen und sicher auch die Struktur von Rechenanlagen beeinflussen.

Einige Literaturhinweise

[1] Moore, R. E.: Intervall Analysis. Prentice-Hall Inc., Englewood Cliffs, N. J. 1966.

[2] Young, R. C.: The algebra of many-valued quantities. Math. Ann. **104** (1931) 260–290.
[3] Warmus, N.: Calculus of approximations. Bull. Acad. Polon. Sci. Cl. III 4 (1956) 253–259.
[4] Ortolf, H.-J.: Eine Verallgemeinerung der Intervallarithmetik. Ber. d. Ges. f. Math. u. Datenverarbeitung, Bonn, Heft 11 (1969).

L. BUDACH (Sitzung am 22. Oktober 1970)

Algebraische Aspekte der Theorie der dynamischen Systeme

In der Literatur findet man gegenwärtig eine unübersehbare Fülle von Systemdefinitionen, die es außerordentlich erschwert, eine Übersicht über die gesamte und sich gegenwärtig in rascher Entwicklung befindliche Systemtheorie zu gewinnen. Der Versuch, die außerordentliche Komplexität realer Systeme in mathematischen Modellen widerzuspiegeln, macht den Einsatz verschiedenster mathematischer Disziplinen notwendig. Dabei heben natürlich die verschiedenen Autoren je nach Art der Problemstellung unterschiedliche Aspekte hervor. So sind mathematische Beschreibungen kontinuierlicher, diskreter, determinierter, stochastischer, nichtdeterministischer, synchroner und asynchroner Systeme mit kontinuierlicher und taktweiser Arbeitsweise entwickelt worden. Die Grundfragestellungen — Analyse, Synthese, Diagnose, Dechiffrierung, Stabilität, Steuerbarkeit usw. — sind häufig sehr verwandt. Sie stellen sich jedoch in unterschiedlichem mathematischem Gewand vor.

In dem Vortrag ist ein Versuch unternommen worden, die diversen Systembeschreibungen nach einem einheitlichen Prinzip zu ordnen (nicht aber, eine einheitliche Beschreibung aller Systeme zu liefern). Das vereinheitlichende Prinzip ist dabei die Kategorientheorie. Es lassen sich, ausgehend von der realen Situation, die das mathematische Modell widerspiegeln soll, verschiedene Definitionen von Systemen in Kategorien mit Produkt angeben. Die Wirkungsweise, Struktur, Zeitskala, die Verschaltung von Systemen zu komplexeren Einheiten ist im wesentlichen rein kategorietheoretisch beschreibbar. Damit ergibt sich die Möglichkeit des Vergleichs verschiedener Systemdefinitionen.

Die Wahl der zugrunde gelegten Kategorie bestimmt dann die konkreten Aspekte, die bei der Betrachtung eines Systems berücksichtigt werden sollen: So ist ein stochastisches System ein System in der Kategorie der Kanäle, ein lineares System ist ein System in der Kategorie der linearen

Räume, ein endliches, diskretes System ist ein System in der Kategorie der endlichen Mengen usf.

Es wird gezeigt, daß jede mathematische Theorie eine systemtheoretische Erweiterung erfahren kann: Jede Kategorie mit Produkt ist Unterkategorie einer Kategorie von Systemen über der zugrunde gelegten Kategorie. Je nach Wahl des Systembegriffes ergeben sich unterschiedliche Einbettungen. Dieser Sachverhalt drückt gerade aus, daß jedes System ein „trivialer" Spezialfall eines wesentlich komplexeren Systems ist.

Das vorgeschlagene Ordnungsprinzip von Systemen kann natürlich nicht die mathematische Forschung an konkreten mathematischen Systemen ersetzen. Vielmehr soll durch die Möglichkeit, aus der Fülle der Resultate allgemeine Prinzipien hervorzuheben, ein Beitrag zur Verständigung von Mathematikern unterschiedlicher Disziplinen geliefert werden. Daß darüber hinaus die kategorietheoretische Denkweise auch zur Kommunikation von Wissenschaftlern verschiedener Disziplinen beiträgt, zeigen neuere Versuche, Beziehungen zwischen organismischen Systemen kategorietheoretisch zu beschreiben.

Literatur

[1] Budach, L./Hoehnke, H. J.: Automaten und Funktoren. Akademie-Verlag, Berlin 1974.

[2] Rosen, R.: Relationale Biologie. Fortschritte der experimentellen und theoretischen Biophysik **15** (1972).

K. SCHRÖTER (Sitzung am 19. November 1970)

Mehrwertige Mathematik

Der üblichen zweiwertigen Mathematik liegt der Satz der Zweiwertigkeit zugrunde: Jede Aussage ist entweder wahr oder falsch. Auf Grund dieses Satzes zerfallen die Aussagen erschöpfend und disjunkt in genau zwei Klassen: die Klasse der wahren und die Klasse der falschen Aussagen. Man nennt diese Klassen nach FREGE „Wahrheitswerte".

Die Aussagen der Mathematik sind aus sog. prädikativen Aussagen mit Hilfe der aussagenlogischen und der prädikatenlogischen Verknüpfungen aufgebaut. Die aussagenlogischen Wahrheitsfunktionen sind Funktionen einer bzw. zweier Veränderlichen, deren Argumente und Werte Wahrheitswerte sind. Die prädikatenlogischen Wahrheitsfunktionen sind Funktionen, die jeder nicht-leeren Menge von Wahrheitswerten genau einen Wahrheitswert zuordnen.

In der mehrwertigen Mathematik treten an die Stelle der beiden Wahrheitswerte beliebig viele Wahrheitswerte. Dabei wird die Menge der Wahrheitswerte eingeteilt in die Menge der ausgezeichneten und in die Menge der nicht-ausgezeichneten Wahrheitswerte. Man kann die beim Aufbau einer mehrwertigen Mathematik benötigten Voraussetzungen zusammenfassen im Begriff der logischen Algebra. Eine logische Algebra $L = [M, M^*, (\varphi_i)_{i\in I}, (\Phi_j)_{j\in J}]$ besteht aus einer nicht-leeren Menge M, der Menge der Wahrheitswerte von L, einer Teilmenge $M^* \subsetneqq M$, der Menge der ausgezeichneten Wahrheitswerte von L, einer Familie $(\varphi_i)_{i\in I}$ von endlich-stelligen sog. aussagenlogischen Funktionen, deren Argumente und Werte Wahrheitswerte von L sind, und einer Familie $(\Phi_j)_{j\in J}$ von sog. prädikatenlogischen Funktionen, deren Argumente nicht-leere Teilmengen von M und deren Werte wieder Elemente von M sind. Im allgemeinen besteht die Familie $(\varphi_i)_{i\in I}$ aus fünf Funktionen, die der Negation, der Konjunktion, der Alternative, der Implikation und der Äquivalenz entsprechen; entsprechend besteht die Familie $(\Phi_j)_{j\in J}$ gewöhnlich aus zwei

Funktionen, die der Generalisierung bzw. der Partikularisierung entsprechen.

Über einer derartigen logischen Algebra L läßt sich nun sukzessive eine mehrwertige Mathematik aufbauen. Hierbei lassen sich entsprechend dem zweiwertigen Fall folgende Teilgebiete unterscheiden:

I. Aussagenlogik über L;
II. Prädikatenlogik der ersten Stufe über L;
III. Prädikatenlogik beliebiger Stufen über L;
IV. Mathematische Theorien über L.

Bei diesen Untersuchungen sind die üblichen zweiwertigen Begriffsbildungen auf den mehrwertigen Fall zu übertragen. Dies gilt insbesondere für den Begriff der Eigenschaften und Relationen über einem Individuenbereich J. Unter einer k-stelligen Relation erster Stufe über J versteht man bei Zugrundelegung der Logik L eine Abbildung, durch die jedem k-Tupel von Individuen aus J genau ein Wahrheitswert aus L zugeordnet wird. Entsprechend läßt sich auch der Begriff der Eigenschaft (Menge) beliebiger Stufe über einer mehrwertigen Logik L korrekt definieren. Auf dieser Grundlage ist es dann möglich, das obige Programm der Begründung der mehrwertigen Mathematik über L weitgehend zu behandeln.

Die Theorie der mehrwertigen Mathematik über einer Logik L ist weit fortgeschritten. Es ist sogar möglich, eine Klassifizierung der in Frage kommenden Systeme der mehrwertigen Mathematik zu entwickeln. Hierbei ist ein Satz von A. LINDENBAUM, den dieser für die Aussagenlogik angegeben hatte, und der von G. ASSER auf die Prädikatenlogik übertragen wurde, von grundlegender Bedeutung. Dieser Satz besagt für die Aussagenlogik, daß jede deduktiv (in bezug auf Einsetzungen und Abtrennungen) abgeschlossene Menge von Ausdrücken dargestellt werden kann als die Menge der Ausdrücke, die über einer gewissen logischen Algebra (mit sogar höchstens abzählbar vielen Wahrheitswerten) allgemeingültig sind. Beim Studium des Zusammenhangs zwischen den deduktiv abgeschlossenen Mengen von Ausdrücken und den Mengen von Ausdrücken, die über einer gewissen logischen Algebra allgemeingültig sind, ergibt sich dann ein Überblick über die in Frage kommenden Systeme der mehrwertigen Mathematik.

Die Untersuchungen zur mehrwertigen Mathematik waren ein Schwerpunkt-Thema der Forschungen der früheren Gruppe Mathematische Logik und Grundlagen der Mathematik des damaligen Instituts für Reine Mathematik der DAW, solange diese von dem Vortragenden geleitet wurde. Die erzielten Resultate werden systematisch in dem demnächst erscheinenden Lehrbuch des Verfassers dargestellt werden.

In einer gewissen Form wurden mehrwertige Systeme der Mathematik von einigen Autoren in der Quantenphysik verwendet. Diese Versuche sind jedoch fragmentarisch geblieben. Dies liegt daran, daß bisher die allgemeinen Begriffsbildungen nicht verwendet wurden. Es ist anzunehmen, daß sich bei der Anwendung der mehrwertigen Mathematik in der Mikrophysik erst dann Resultate erzielen lassen, die erkenntnistheoretisch von grundlegender Bedeutung sein werden, wenn die allgemeine Theorie der mehrwertigen Mathematik, wie sie hier in den Grundzügen dargestellt wurde, Verwendung findet. Die Lage ist ähnlich der beim Verhältnis der RIEMANNschen Geometrie zu ihrer Anwendung in der Relativitätstheorie. Analog wie in jenem Fall ist die mathematische Theorie der Systeme der mehrwertigen Mathematik weitgehend fortgeschritten. Ihre Anwendung auf physikalische Bereiche ist nur dann angebracht, wenn dieser Zusammenhang wie im Fall der Relativitätstheorie durch die physikalischen Verhältnisse erforderlich wird.

H. Thiele (Sitzung am 28. Januar 1971)

Zum Stand der Präzisierung des von Misesschen Ansatzes zum Aufbau der Wahrscheinlichkeitstheorie

In der Vergangenheit hat es sehr viele Versuche gegeben, das zu präzisieren, was anschaulich — intuitiv mit dem Wort „Wahrscheinlichkeit" verbunden wird. Wir können im Rahmen dieses Vortrages selbstverständlich nicht alle derartigen Ansätze und Möglichkeiten dazu (z.B. Wahrscheinlichkeit als Grad der subjektiven Überzeugung, daß eine bestimmte Aussage richtig ist) diskutieren, sondern wir wollen uns darauf beschränken, die Wahrscheinlichkeit als Maßzahl zur Charakterisierung der relativen Häufigkeit in Massenerscheinungen zu betrachten.

Bekanntlich hat im Jahre 1919 R. von Mises [11, 12] versucht, diese Seite des intuitiven Wahrscheinlichkeitsbegriffs exakt zu erfassen. Die dabei auftretenden Schwierigkeiten haben u.a. zu dem von A. N. Kolmogoroff im Jahre 1933 vorgelegten maßtheoretischen Ansatz [5] geführt. Die sich daran anschließende außerordentlich fruchtbare Entwicklung könnte zu der Frage führen, ob die Präzisierung der von Misesschen Ideen überhaupt noch wissenschaftliches Interesse hat. Hierzu muß grundsätzlich festgestellt werden, daß Kolmogoroff nur die Wahrscheinlichkeitsrechnung begründet, d.h. nur einen Kalkül aufgebaut hat, mit dem aus gegebenen Wahrscheinlichkeiten nach bestimmten Regeln neue berechnet werden können; eine Theorie des Wahrscheinlichkeitsbegriffs, etwa durch definitorische Zurückführung auf andere einfachere oder anschaulichere Begriffe, z.B. auf den Begriff der relativen Häufigkeit, liefert der maßtheoretische Aufbau nicht. Selbst anschaulich-intuitive Beziehungen zum Begriff der relativen Häufigkeit sind schwer herstellbar; so besagt z.B. das starke Gesetz der großen Zahlen in maßtheoretischer Formulierung, daß die Menge der unendlichen Folgen, bei denen die relative Häufigkeit gegen die entsprechende Wahrscheinlichkeit konvergiert, (im Produktraum) meßbar ist und das Maß Eins hat; das Komplement dieser Menge jedoch ist — und das ist anschaulich wenig befriedigend — im allgemeinen gleichmächtig der Menge selbst. Dieser Mangel des maßtheoretischen Aufbaus, der sich insbesondere in den Anwendungen bemerkbar macht, wurde schon von KOLMOGOROFF selbst in seiner ursprünglichen Arbeit [5] festgestellt und hat im Laufe der Jahre immer wieder die Bestrebungen gefördert, die VON MISESschen Ideen, die unmittelbar mit den in den Anwendungen auftretenden Häufigkeitserscheinungen arbeiten, auf eine korrekte Basis zu stellen. Gegenwärtig, wo unter dem Einfluß der modernen Rechentechnik die Konstruktion von Pseudozufallsfolgen, die Verwendung sogenannter Monte-Carlo-Methoden und allgemein die Simulation stochastischer Prozesse einen immer größer werdenden Raum einnehmen, haben diese Betrachtungen eine fundamentale Bedeutung erlangt.

Der ursprüngliche VON MISESsche Ansatz läßt sich — in moderner Sprechweise — wie folgt darstellen. Durch nz bezeichnen wir die Menge der natürlichen Zahlen 1, 2, ... Gegeben sei eine beliebige nichtleere Menge X. Durch $\mathfrak{P}X$ deuten wir die Potenzmenge von X, durch X^* die Menge aller endlichen Wörter p mit Buchstaben aus X und durch X^{nz} die Menge aller unendlichen Folgen ξ über X, genauer, die Menge aller eindeutigen Abbildungen ξ von nz in X an. Das t-te Glied von ξ wird durch ξ_t, das Wort $\xi_1, \ldots, \xi_t$ durch $\xi[t]$ bezeichnet. Die Elemente $x \in X$ interpretieren wir als mögliche Ausgänge eines beliebig oft (unabhängig) wiederholbaren Versuchs V, ein Element $\xi \in X^{nz}$ wird dementsprechend als das Ergebnis einer in der Reihenfolge der natürlichen Ordnung von nz unendlich oft durchgeführten Wiederholung von V aufgefaßt.

Ist $M \subseteqq X$ und χ_M die charakteristische Funktion von M in X, so definieren wir für jedes $\xi \in X^{nz}$ durch

$$\mu_\xi(M) =_{\mathrm{Df}} \lim_{t\to\infty} t^{-1} \cdot \sum_{\tau=1}^{t} \chi_M(\xi_\tau)$$

eine eindeutige (partielle) Abbildung aus der Potenzmenge $\mathfrak{P}X$ in das abgeschlossene reelle Intervall $\langle 0, 1\rangle$.

Offenbar gilt für beliebiges $\xi \in X^{nz}$: Der Definitionsbereich von μ_ξ ist eine BOOLEsche Mengenalgebra $\mathfrak{B}_\xi$ (die im allgemeinen nicht σ-vollständig ist), μ_ξ ist auf $\mathfrak{B}_\mu$ ein JORDAN-PEANOscherInhalt (der im allgemeinen nicht σ-additiv ist), und μ_ξ erfüllt auf $\mathfrak{B}_\mu$ die LEBESGUE-Eigenschaft, d.h., für jedes $M \in \mathfrak{B}_\mu$ mit $\mu_\xi(M) = 0$ und jedes $N \subseteqq M$ folgt $N \in \mathfrak{B}_\mu$ und $\mu_\xi(N) = 0$.

In der Formulierung der VON MISESschen Axiome spielt der Begriff der Stellenauswahl und „Unempfindlichkeit" des asymptotischen Häufigkeitsverhaltens von Folgen bei Stellenauswahlen (Prinzip vom ausgeschlossenen Spielsystem) eine grundlegende Rolle. Wir nennen Folgen $\xi, \eta \in X^{nz}$ äquivalent, falls $\mu_\xi = \mu_\eta$ gilt. Ist Φ eine eindeutige Abbildung aus X^{nz}

in X^{nz}, so heißt ξ invariant bezüglich Φ, wenn aus $\xi \in D_\Phi$ folgt, daß ξ und $\Phi(\xi)$ äquivalent sind. Gegeben sei eine Stellenauswahlfunktion α, d.h. eine eindeutige Abbildung von X^* in $\{0, 1\}$. Wir ordnen α eine partielle Abbildung Φ_α aus X^{nz} in X^{nz} zu, wobei für $\xi \in X^{nz}$ ein Element $\eta X^* \cup X^{nz}$ dadurch definiert wird, daß in ξ das Glied ξ_{t+1} genau dann gestrichen wird, wenn $\alpha(\xi[t]) = 0$ ist. Ist $\eta \in X^{nz}$, wird $\Phi_\alpha(\xi) =_{\mathrm{Df}} \eta$ gesetzt; sonst bleibt $\Phi_\alpha(\xi)$ undefiniert. Man beachte die wesentliche Tatsache, daß die Entscheidung darüber, ob ξ_{t+1} gestrichen wird oder nicht, nur von $\xi_1, \ldots, \xi_t$, nicht aber von ξ_{t+1} selbst oder von den „zukünftigen" Gliedern $\xi_{t+2}, \ldots$ abhängt.

Von Mises nennt nun ein beliebiges $\xi \in X^{nz}$ ein Kollektiv (regellose Folge oder Zufallsfolge), falls die folgenden zwei Axiome erfüllt sind:

Axiom I. *Für jede Teilmenge M von X gilt: M liegt im Definitionsbereich von* μ_ξ.

Axiom II. (Regellosigkeitsaxiom). *Für jede eindeutige Abbildung* α *von* X^* *in* $\{0, 1\}$ *gilt:* ξ *ist invariant gegenüber Anwendung von* Φ_α.

Schon sehr bald nach der Aufstellung dieser Axiome stellte man fest, daß das Axiomensystem einen „Widerspruch" enthält, weil gilt: Ist ξ eine regellose Folge, so nimmt μ_ξ höchstens die Werte 0 oder 1 an. Das besagt, daß regellose Folgen, die nichttriviale μ_ξ erzeugen, nicht existieren. Bemerkenswert ist, daß diese Feststellung schon allein aus Axiom II folgt; in der Literatur ist dies häufig nicht völlig klar, insbesondere dann, wenn beide Axiome zu einem zusammengefaßt werden (vgl. z.B. C. P. Schnorr [19]).

Das Axiom I ist für unendliche Mengen X im allgemeinen sicher zu scharf, da nicht erwartet werden darf, daß jeder Teilmenge M von X eine Wahrscheinlichkeit zugeordnet werden kann. Für unsere folgenden Ausführungen setzen wir X als endlich voraus. Dann ist Axiom I offenbar gleichwertig mit der Forderung, daß alle Einermengen $\{x\}$ aus X im Definitionsbereich von μ_ξ liegen. Für unendliche X wird man Axiom I so modifizieren, daß man ein System $\mathfrak{M}$ von Teilmengen M aus X (etwa eine σ-Algebra) vorgibt und dann fordert, daß alle Elemente von $\mathfrak{M}$ im Definitionsbereich von μ_ξ liegen. Ist X die Menge der reellen Zahlen, finden sich bei C. P. Schnorr erste tiefergehende Untersuchungen; für beliebige X ist, wenn man von einigen Resultaten bei A. Wald [21] absieht, wenig bekannt.

Erste Erfolge zur Überwindung der mit Axiom II verbundenen Schwierigkeiten wurden 1928 von A. H. Copeland [3] mit dem Begriff der „admissible numbers", 1935 von K. Popper [13] mit dem Begriff der „nachwirkungsfreien Folgen" und ebenfalls 1935 von H. Reichenbach [14] mit dem Begriff der „normalen Folgen" erzielt. Alle drei Ansätze sind äquivalent; sie beruhen darauf, daß das Regellosigkeitsaxiom sehr schwach formuliert wird (also sehr viele Folgen regellos sind), indem als Stellenauswahlfunktionen genau die Abbildungen α_p zugelassen sind, die für beliebiges festes $p \in X^*$ wie folgt festgelegt werden können:

$$\alpha_p(q) =_{\mathrm{Df}} \begin{cases} 1 \text{ falls } q \text{ auf } p \text{ endet} \\ 0 \text{ sonst} \end{cases} \quad (q \in X^*).$$

Es konnte gezeigt werden, daß es zu jedem Wahrscheinlichkeitsmaß μ auf $\mathfrak{P}X$ mindestens eine regellose Folge ξ dieses Typs gibt, die μ erzeugt, d.h., daß $\mu = \mu_\xi$ ist; es gilt sogar, daß es überabzählbar viele derartige Folgen gibt und daß $\bar{\mu}(\{\xi \mid \xi \in X^{nz} \wedge \mu = \mu_\xi\}) = 1$ ist, wobei $\bar{\mu}$ das übliche Produktmaß zu μ in X^{nz} ist.

Mit diesem Resultat war die Problematik jedoch noch nicht erledigt, denn die so definierten nachwirkungsfreien Folgen verletzen die Intuition von ausgeschlossenen Spielsystemen insofern, als schon sehr einfache rekursive Folgen ξ darunter vorkommen und zu diesen sich sehr einfache rekursive Stellenauswahlfunktionen (allerdings nicht mehr des Typs α_p) angeben lassen, durch die das zugeordnete Wahrscheinlichkeitsmaß μ_ξ verändert wird.

A. Wald hat in [21] das Problem prinzipieller untersucht. Ist $\mathfrak{A}$ ein beliebiges System beliebiger Stellenauswahlfunktionen über X und μ ein Wahrscheinlichkeitsmaß auf $\mathfrak{P}X$, so sei $\mathfrak{Z}(\mu, \mathfrak{A})$ die Menge aller $\xi \in X^{nz}$, die μ erzeugen und die gegenüber allen Abbildungen Φ_α mit $\alpha \in \mathfrak{A}$ invariant sind. Er konnte zeigen, daß $\mathfrak{Z}(\mu, \mathfrak{A})$ stets überabzählbar ist. Beachtet man, daß jede von einer Stellenauswahlfunktion α erzeugte partielle Abbildung Φ_α aus X^{nz} in X^{nz} bezüglich $\bar{\mu}$ nicht maßverzögernd ist, folgt aus Card $\mathfrak{A} \leqq \aleph_0$ sofort $\bar{\mu}(\mathfrak{Z}(\mu, \mathfrak{A})) = 1$ (Schnorr [19]). Bemerkenswert ist in diesem Zusammenhang, daß schon 1936 J. L. Doob in [4] darauf hingewiesen hat, daß Transformationen der Form Φ_α maßinvariant sind, falls ihr Definitionsbereich gleich X^{nz} ist.

Die mit dem Regellosigkeitsaxiom verbundenen Schwierigkeiten hatte schon von Mises erahnt, indem er meinte, daß nur solche α zur Anwendung kommen sollen, die durch „mathematische Gesetze" definierbar sind. A. Church wählte in [2] demgemäß als $\mathfrak{A}$ die Menge $\mathfrak{R}$ aller rekursiven Funktionen α von X^* in $\{0, 1\}$. Sehr einfach ist einzusehen, daß keine im Churchschen Sinne regellose Folge rekursiv ist; damit war eine wichtige Eigenschaft, die man intuitiv an regellose Folgen stellt, erfüllt; außerdem gilt wieder $\bar{\mu}(\mathfrak{Z}(\mu, \mathfrak{R})) = 1$.

Die Hoffnung, daß die Folgen aus $\mathfrak{Z}(\mu, \mathfrak{R})$ alle anschaulich-intuitiven Eigenschaften von regellosen Folgen haben, wurde von J. VILLE in [20] zunichte gemacht. Offenbar ist es vernünftig zu fordern, daß alle Sätze der maßtheoretischen Wahrscheinlichkeitsrechnung in den VON MISESschen Aufbau „übersetzt" werden können; insbesondere gilt dies für die sogenannten „Fast-überall-Gesetze", die besagen, daß nach einer bestimmten „Vorschrift" gebildete Mengen aus X^{nz} das (Produkt-) Maß Eins haben. Somit kann man folgendes „Übertragungsprinzip" formulieren: Eine regellose Folge soll in allen Mengen $F \subsetneqq X^{nz}$ liegen, die von „Vorschriften" für „Fast-überall-Gesetze" festgelegt sind. VILLE konstruierte nun (für den Spezialfall $X = \{0, 1\}$, $\mu(0) = \mu(1) = 1$) eine im CHURCHschen Sinne regellose Folge ξ, für die $\lim_{t\to\infty} t^{-1} \cdot \sum_{\tau=1}^{t} \xi_\tau = 1/2$ und stets $t^{-1} \cdot \sum_{\tau=1}^{t} \xi_\tau \geqq 1/2$ $(t \in nz)$ gilt. Eine derartige Folge entspricht aber nicht unseren intuitiven Vorstellungen von Regellosigkeit (Bevorzugung der Eins) und widerspricht dem obigen Übertragungsprinzip, da sie nicht das Gesetz vom iterierten Logarithmus, das ebenfalls ein „Fast-überall-Gesetz" der maßtheoretischen Wahrscheinlichkeitsrechnung ist, erfüllt.

Damit wurde auch der Ansatz von CHURCH als gescheitert angesehen, wenngleich es auch Stimmen gab, die dem Gesetz vom iterierten Logarithmus keine reale Bedeutung zumaßen.

Versuche von A. N. KOLMOGOROFF [7] und D. W. LOVELAND [8] in den Jahren 1963 bis 1966, den Begriff der Stellenauswahlfunktion zu verallgemeinern und damit den Bereich der regellosen Folgen im Sinne von CHURCH weiter einzuschränken, brachten nicht die gewünschten Erfolge.

Angeregt durch die Untersuchung [6] von KOLMOGOROFF zur Weiterführung der Informationstheorie griff P. MARTIN-LÖF 1966 die Diskussion über den Begriff der regellosen Folge erneut auf, indem er forderte, daß eine Folge $\xi \in X^{nz}$ genau dann regellos ist, wenn sie allen „Fast-überall-Gesetzen" genügt. Man könnte auf den ersten Blick denken, daß ein „Fast-überall-Gesetz" einfach durch eine beliebige $\bar{\mu}$-meßbare Menge $F \subsetneqq X^{nz}$ mit $\bar{\mu}(F) = 1$ festgelegt ist und demgemäß die Menge aller regellosen Folgen einfach als Durchschnitt aller derartigen F definiert werden kann. An dieser Stelle liegt nun ein entscheidender „Verzweigungspunkt" der Weiterentwicklung dieses Ansatzes. MARTIN-LÖF argumentiert, daß nicht jedem $\bar{\mu}$-meßbaren $F \subsetneqq X^{nz}$ mit $\bar{\mu}(F) = 1$ ein „Fast-überall-Gesetz" entspricht, sondern nur jenen, die explizit angebbar sind, d.h. genauer, er fordert, daß ein solches F durch einen konstruktiven Sequentialtest festgelegt sein soll, wobei „konstruktiv" bedeutet, daß die kritische Region des Testes eine berechenbare Funktion des Stichprobenumfangs und der Sicherheitswahrscheinlichkeit ist. MARTIN-LÖF konnte zeigen, daß alle in seinem Sinne regellosen Folgen im CHURCHschen Sinne regellos sind und daß diese Menge das Produktmaß Eins hat. Damit war der Ansatz so eingeschränkt, daß die Gegenargumente von VILLE hinfällig wurden.

MARTIN-LÖF zeigte in [9, 10] weiter, daß ein von KOLMOGOROFF in [6] entwickelter Ansatz, mit dem für endliche Folgen definierten Begriff der Programmkomplexität einen Regellosigkeitsbegriff für (unendliche) Folgen aufzubauen, nicht zum Ziel führen kann; denn jede unendliche Folge hat unendlich viele und damit beliebig lange Anfangsstücke relativ kleiner Programmkomplexität und damit relativ großer Regelmäßigkeit.

Gegen den Begriff der regellosen Folge im Sinne von MARTIN-LÖF machte ab 1969 C. P. SCHNORR in einer Reihe von Arbeiten [15, 16, 17, 18, 19] bestimmte Einwände geltend. Er gab zwei äquivalente Umformungen des Begriffs der regellosen Folge im Sinne von MRTIN-LÖF an, von denen die erste vom Begriff des in [20] von VILLE entwickelten Spielsystems, ausgedrückt durch ein Martingal als Vermögensfunktion eines Spielers, ausgeht, die zweite dagegen eine Verallgemeinerung des im Regellosigkeitsaxiom steckenden Gedankens der invarianten Transformation darstellt. Da die in diesem Satz auftretenden Vermögensfunktionen und invarianten Transformationen nicht berechenbar bzw. nicht berechenbar stetig sind, kam SCHNORR zu dem Schluß, daß der MARTIN-LÖFsche Begriff der regellosen Folge zu scharf ist, d.h. zu wenig Folgen regellos sind. Er verschärfte demgemäß den von MARTIN-LÖF präzisierten Begriff des rekursiven Sequentialtests zum Begriff des totalrekursiven Sequentialtests, ferner verwendete er nur berechenbare Vermögensfunktionen und berechenbar stetige invariante Transformationen, schließlich modifizierte er die (nichtrekursive!) KOLMOGOROFFsche Programmkomplexität so, daß sich eine rekursive Funktion ergibt. Er konnte auf jeden dieser vier verschärften Begriffe eine Definition von regelloser Folge aufbauen und dann den Hauptsatz beweisen, daß diese Definitionen sämtlich äquivalent sind. Die Menge der regellosen Folgen im Sinne von SCHNORR bildet eine Obermenge der Menge der regellosen Folgen im Sinne von MARTIN-LÖF und ist Teilmenge von $\mathfrak{Z}(\mu, \mathfrak{R})$; sie stimmt bis heute am besten mit den anschaulich-intuitiven Vorstellungen über regellose Folgen überein.

Die meisten der angedeuteten Untersuchungen werden nur für den Spezialfall $X = \{0, 1\}$, $\mu(0) = \mu(1) = 1/2$ effektiv durchgeführt; sie lassen sich ohne größere Schwierigkeiten auf beliebige endliche X und beliebige berechenbare Wahrscheinlichkeitsmaße auf $\mathfrak{P}X$ übertragen. Weitere Untersuchungen von SCHNORR und teilweise auch früher schon von MARTIN-

LÖF betreffen den Begriff der regellosen Folge zu einem beliebigen (d.h. nicht notwendig berechenbaren) Wahrscheinlichkeitsmaß μ auf $\mathfrak{P}X$, ferner die Definition dieses Begriffs ohne Bezugnahme auf ein Wahrscheinlichkeitsmaß μ sowie schließlich den Fall, daß X die Menge der reellen Zahlen ist. Die Untersuchungen dieses Fragenkomplexes können noch nicht als abgeschlossen angesehen werden.

Der Referent sieht — neben der Aufgabe einer feineren rekursionstheoretischen Durcharbeitung der bisher erzielten Resultate (z.B. Einordnung in rekursionstheoretische Hierarchien, konsequente Verwendung der Theorie rekursiver Funktionale und Operatoren) — grundlagentheoretisch folgendes Problem: Der KOLMOGOROFFsche Ansatz wird mit fixierten sprachlichen Mitteln (z.B. Prädikatenkalkül der ersten Stufe, Stufenkalkül) formalisiert („Maßkalkül"). Es werden „maßfreie" Folgenkalküle daraufhin untersucht, ob der gegebene Maßkalkül durch die Definition

$$\mu_\xi(M) =_{\mathrm{Df}} \lim_{t\to\infty} t^{-1} \cdot \sum_{\tau=1}^{t} \chi_M(\xi_\tau)$$

im Folgenkalkül interpretierbar ist in dem Sine, daß ein beliebiger Ausdruck im Maßkalkül ableitbar ist, genau dann, wenn dies für seine Reduzierte im Folgenkalkül zutrifft. Folgenkalküle, in denen der intuitionistische Begriff der „freien Wahlfolge" definierbar ist, dürften dabei eine besondere Rolle spielen. Auch die Frage der umgekehrten Interpretierbarkeit könnte von Interesse sein. Formale und auch inhaltliche Analogien zum Problem der gegenseitigen Interpretierbarkeit intuitionistischer und modaler Kalküle sind eventuell vorhanden.

Literatur

[1] BROUWER, L. E. J.: Begründung der Mengenlehre unabhängig vom logischen Satz vom ausgeschlossenen Dritten. Zweiter Teil. Verhdl. Nederl. Akad. Wet. afd. Natuurk. Sect. 7 (1919), 12.

[2] CHURCH, A.: On the concept of a random sequence. Bull. Amer. Math. Soc. **46** (1940), 130—135.

[3] COPELAND, A. H.: Admissible numbers in the theorie of probability. Amer. J. Math. **50** (1928), 535—552.

[4] DOOB, J. L.: Note on probability. Ann. of Math. **37** (1936), 363—367.

[5] KOLMOGOROFF, A. N.: Grundbegriffe der Wahrscheinlichkeitsrechnung. Ergebnisse der Mathematik und ihrer Grenzgebiete 2, Berlin 1933.

[6] KOLMOGOROFF, A. N.: Drei Zugänge zur Definition des Begriffs „Informationsgehalt" (russisch). Probl. Peredači Inform. **1** (1965), 3—11.

[7] Kolmogoroff, A. N.: On tables of random numbers. Sankhyā Ser. A **25** (1963), 369–376.
[8] Loveland, D. W.: A new interpretation of the von Mises concept of random sequence. Z. math. Logik. Grundl. Math. **12** (1966), 279–294.
[9] Martin-Löf, P.: The definition of random sequences. Inform. Control **6** (1966), 602–619.
[10] Martin-Löf, P.: On the notion of randomness. in: Intuitionism Proof Theory. Proc. Summer Conf. Buffalo N. Y. 1968 (1970), 73–78.
[11] von Mises, R.: Grundlagen der Wahrscheinlichkeitstheorie. Math. Z. **5** (1919), 52–99.
[12] von Mises, R.: Wahrscheinlichkeit, Statistik und Wahrheit. Springer: Wien 1951.
[13] Popper, K.: Logik der Forschung zur Erkenntnistheorie der modernen Naturwissenschaft. Schriften zur wiss. Weltauffassung, Bd. 9. Springer: Wien 1935.
[14] Reichenbach, H.: Axiomatik der Wahrscheinlichkeitsrechnung. Math. Z. **34** (1932), 568–619.
[15] Schnorr, C. P.: Eine Bemerkung zum Begriff der zufälligen Folge. Z. Wahrsch. verw. Geb. **14** (1969), 27–35.
[16] Schnorr, C. P.: Über die Definition von effektiven Zufallstests. Teil I und Teil II. Z. Wahrsch. verw. Geb. **15** (1970), 297–312 und 313–328.
[17] Schnorr, C. P.: Klassifikation der Zufallsgesetze nach Komplexität und Ordnung. Z. Wahrsch. verw. Geb. **16** (1970), 1–21.
[18] Schnorr, C. P.: A uniform approach to the definition of randomness. Mathem. System Theory **5** (1971), 9–28.
[19] Schnorr, C. P.: Zufälligkeit und Wahrscheinlichkeit. Eine algorithmische Begründung der Wahrscheinlichkeitstheorie. Lecture Notes in Mathematics 218. Springer: Berlin/Heidelberg/New York 1971.
[20] Ville, J.: Etude critique de la notion de collectif. Gauthier-Villars, Paris 1939.
[21] Wald, A.: Die Widerspruchsfreiheit des Kollektivbegriffs in der Wahrscheinlichkeitsrechnung. Ergebnisse eines math. Koll. **8** (1937), 38–72.
[22] Levin, L./Zvonkin, A.: Die Komplexität endlicher Objekte und die Begründung der Begriffe der Information und der Zufälligkeit mit Hilfe der Theorie der Algorithmen. Uspechi Matematichescikh Nauk **156** (1970).

O. Bunke (Sitzung am 25. März 1971)

Statistische Probleme bei der Modellbildung

Ziel des Vortrages war die Vorstellung einer allgemeinen mathematisch-statistischen Theorie der Modellbildung für Ursache-Wirkungsbeziehungen, die spezielle Probleme wie z.B. Parameter- und Strukturidentifikation, Modellwahl und -prüfung, optimale Versuchsplanung und Vorhersage umfaßt, sowie die Einordnung einer Reihe klassischer Resultate der Regressionsanalyse und der in den letzten Jahren durch den Vortragenden und seine Mitarbeiter erzielten Ergebnisse. Die allgemeine Formulierung wurde, ausgehend von konkreten Problemen der Modellbildung in der Chemie (Steuerung des Produktionsprozesses mit und ohne Prozeßrechner, Systemanalyse), Planung und Leitung (Produktionsfunktionen und ökonometrische Gleichungssysteme) und der Planung und Auswertung von Experimenten entwickelt. Durch Verwendung der Begriffe der statistischen Entscheidungstheorie und des Kanals wurde eine exakte und möglichst elegante Darstellung der Probleme der Identifizierbarkeit, Modellwahl und -prüfung, Parameter- und Strukturidentifikation, passive und aktive Versuchsplanung, Charakterisierung der Zuverlässigkeit von Entscheidungsfunktionen zur Modellbildung und ihrer Zusammenhänge angestrebt. Dabei wurde auf typische Fragestellungen der Statistik, wie die Robustheit der Verfahren gegenüber Abweichungen von den mathematischen Voraussetzungen, die Wahl von Optimalitätskriterien und Verlustfunktionen, gegenläufiges Verhalten von systematischer Abweichung und zufälligen Fehlern, Identifizierungsschwierigkeiten bei passiven Versuchssituationen und auf die heutigen Wertmaßstäbe in der statistischen Forschung hingewiesen. Als Beispiel für eine nichtidentifizierbare Struktur wurde das von Lindley untersuchte eindimensionale lineare Ausgleichsproblem mit Meßfehlern in beiden Variablen beschrieben. Im zweiten Teil des Vortrages wurden unter Voraussetzung des allgemeinen linearen Regressionsmodells die neuen in Berlin von Toutenburg und Läuter entwickelten Methoden der optimalen Parameterschätzung und Vorhersage bei stochastischen Prozessen beschrieben, und es wurde ausführlich auf das Problem der Wahl eines Modells aus einer endlichen Klasse von Modellen eingegangen. Dieses Problem umfaßt als Spezialfälle das Problem der Auswahl wesentlicher Variablen (bzw. Faktoren) bei einem linearen Ansatz und das Problem der Wahl der Ordnung eines die Regressionsfunktion approximierenden Polynoms. Es wurde kurz das Prinzip der verschiedenen bei diesen Problemen in der Praxis gebräuchlichen Verfahren sowie einige in der neuesten Literatur (z.B. von Draper und von Enderlein) vorgeschlagenen Verfahren erläutert und auf ihre wesentlichen Unzulänglichkeiten hingewiesen. Schließlich wurde ein neues auf eine Serie von Modellvergleichen mit Hilfe nichtzentraler F-Tests aufgebautes Entscheidungsverfahren angegeben, bei dem das Risiko mit vorgegebener Mindestwahrscheinlichkeit in der Nähe des Optimums bleibt.

P. H. STARKE (Sitzung am 27. Mai 1971)

Das Analyse-Synthese-Problem in der Automatentheorie

In ihrer über 20jährigen Entwicklung hat die Theorie der abstrakten Automaten eine Vielzahl von Automatenbegriffen hervorgebracht und studiert. Ausgehend vom klassischen Begriff des endlichen determinierten MEALY-Automaten wurden Verallgemeinerungen vor allem in zwei Richtungen vorgenommen.

Zum einen wurden die Grundmengen der Automaten mit verschiedenen Strukturen versehen und im Interesse der Reichhaltigkeit dieser Strukturen auch unendliche Grundmengen zugelassen. Zu nennen sind hier insbesondere topologische determinierte Automaten (vgl. [2, 5]), bei denen die Grundmengen X, Y, Z als topologische Räume strukturell sind (von Überführungs- bzw. Ergebnisfunktion δ und λ wird daher die Stetigkeit verlangt), sowie lineare und bilineare determinierte Automaten (vgl. [3, 4, 6]), wo X, Y und Z lineare Räume (und δ bzw. λ lineare Abbildungen auf dem Cartesischen bzw. dem Tensor-Produkt von Z mit X) sind, ferner Automaten mit unendlicher sequentiell strukturierter Zustandsmenge, sogenannte zeitvariable Automaten (vgl. [1, 7]).

Zum anderen wurde das lokale Verhalten der Automaten nicht länger als determiniert vorausgesetzt, sondern es wurden Systeme mit stochastischem oder nicht-deterministischem lokalem Verhalten untersucht (vgl. [8]). Angesichts der Vielzahl der so entstandenen und ständig neu entstehenden „Automatentheorien" scheint der Versuch von besonderem Interesse, die ihnen gemeinsamen Probleme und die zugehörigen Lösungsansätze von einem einheitlichen Gesichtspunkt aus darzustellen. Ein solcher Versuch soll in diesem Vertrag am Beispiel des Analyse-Synthese-Problems unternommen werden.

Grundlage dieses Versuches bilden Überlegungen zu dem Problem, wann überhaupt von einem Automatenbegriff im Unterschied zu einem allgemeinen Systembegriff oder einem Begriff des „diskreten Systems" gesprochen werden kann. Anschließend wird der Begriff des globalen Verhaltens bzw. der Verhaltensweise eines Automaten erläutert. Auf dieser Basis werden die wichtigsten Varianten des Analyse-Synthese-Problems (der Frage nach einer „automatenfreien" Charakterisierung der Verhaltensweisen von Automaten) formuliert und Methoden zu ihrer Lösung vorgeschlagen.

Eine erweiterte Fassung dieses Vortrages, in der auch auf weitere automatentheoretische Probleme eingegangen wird, erscheint demnächst in der Zeitschrift „Elektronische Informationsverarbeitung und Kybernetik".

Literatur

[1] Агасандян, Т. А.: Автоматы с переменной структурой. ДАН СССР **174** (1967) 3, 529–530.

[2] Brauer, W.: Zu den Grundlagen einer Theorie topologischer sequentieller Systeme und Automaten. Berichte d. Ges. f. Math. u. DV, Bonn, im Druck.

[3] Budach, L./Hoehnke, H. J.: Algebraische Automatentheorie. Akademie-Verlag, Berlin 1974.

[4] Gill, A.: Linear sequential circuits-analysis, synthesis and application. McGraw Hill Book Co., New York 1967.

[5] Pohl, H.-J.: Ein Ansatz zur Theorie topologischer Automaten. Dissertation, Humboldt-Universität, 1971.

[6] Rensch, B.: Lineare Automaten. B-I-Hochschulskripten 708, Mannheim 1969.

[7] Saloman, A.: On finite automata with a time-variant structure. Information and Control **13** (1968), 85–98.

[8] Starke, P. H.: Abstrakte Automaten. Berlin 1969.

D. GELBIN (Sitzung am 9. September 1971, gemeinsam mit der Klasse „Physik in Naturwissenschaften und Technik")

Mathematische Modellierung des Adsorptionsverfahrens

Der Vortragende berichtete über mathematische Modellierung beim Adsorptionsverfahren. Zunächst verglich er ein einfaches technisches Modell, das nur 1 Parameter enthält, mit einem physikalisch-chemisch begründeten Modell des Verfahrens, welches etwa 8 Parameter enthält. Dieses Modell berücksichtigt die axiale Leitung und Vermischung von Stoff und Wärme, den laminaren Stoff- und Wärmeübergang von der Gas- zur Festphase, die Leitung von Stoff und Wärme längs der Poren des Adsorbenten sowie die tatsächliche Form der Adsorptionsisotherme. In der weiteren Erörterung wurde jedoch darauf hingewiesen, daß sich jeder von diesen Vorgängen, genauer betrachtet, aus 3 oder 4 Teilschritten zusammensetzt, so daß eine weitere Verfeinerung der Betrachtungen möglich wäre. Zur Zeit würde ein solcher Versuch an der Kapazität der großen Rechenmaschinen scheitern. Es wurde gezeigt, daß die Bestimmung der Parameter für die einzelnen Teilschritte notwendigerweise außerhalb des technischen Bereichs der Betriebsbedingungen erfolgen muß und daß daher die Benutzung der experimentellen Messungen der Parameterwerte für die Berechnung eines technischen Falles stets mit einer Extrapolation verbunden ist. Dies wurde im einzelnen an Hand der Bestimmung der laminaren Stoffübergangszahl verdeutlicht.

In der Diskussion wurden Fragen der Abweichung vom thermodynamischen Gleichgewicht (VOJTA), der Brauchbarkeit der erhaltenen Ergebnisse und die Beteiligung der Mathematik an der Lösung dieser Probleme (ROMPE, LANIUS) erörtert.

Dr. GAJEWSKI machte einige ergänzende Bemerkungen zur mathematischen Lösung der Problematik (Bildung von Differenzengleichungen, Berechnung der Randbedingungen). Es zeigte sich, daß der numerisch-mathematische Aufwand gerechtfertigt ist.

Weiter wurde über merkbare Veränderungen der physikalisch-chemischen Erscheinungen durch Änderung der physikalischen Parameter

(Richter), über Zusammenhänge von makroskopischen Raum-Zeit-Intervallen mit charakteristischen Werten des Systems diskutiert (Rompe).

Bei der hier vorliegenden makroskopischen Theorie ist dieser Zusammenhang nicht zu erwarten (Vojta).

Ferner wurde darauf hingewiesen, daß das erarbeitete Modell zeigt, welche Betriebsbedingungen gewahrt werden müssen, daß der eigentliche Wert des Modells, besonders beim Bau neuer Anlagen (Export), voll zum Tragen kommen würde (Schirmer).

Abschließend wies Dr. Gelbin darauf hin, daß dort, wo sich Physik und Mathematik mit der Verfahrenstechnik beschäftigt haben, entscheidende Fortschritte auftraten; besonders für die Teilgebiete der Verfahrenstechnik heterogene Katalyse (technische Reaktionsführung) und die Adsorption sind weitere Fortschritte zu erwarten.

H. Gajewski und K. Gröger (Sitzung am 31. Januar 1972)

Über einige Aspekte der Anwendung der Mathematik in der Chemie

Der Vortrag basiert auf Erfahrungen, die wir im Laufe einer mehrjährigen Zusammenarbeit mit Chemikern gemacht haben.

1. Quellen für Aufgaben von Mathematikern in der Chemie sind Modelle und die Modellierung selbst. Aus methodischen Gründen empfiehlt sich die Unterscheidung von drei Stufen der Modellierung:

1. Stufe: Phänomenologische Modelle (z.B. Verarbeitung von Meßwerten);

2. Stufe: Halbphänomenologische Modelle (z.B. Rand-Anfangswertprobleme, die noch empirisch gewonnene Konstanten enthalten);

3. Stufe: Theoretische Modelle (z.B. Modelle der Quantenchemie).

2. Für die Zusammenarbeit von Mathematikern und Chemikern gibt es verschiedene mögliche Organisationsformen. Auch hier ist eine scharfe Trennung in Stufen nur aus methodischen Gründen gerechtfertigt.

1. Stufe: Bearbeitung von Problemen durch mathematisch ausgebildete Chemiker oder durch Mathematiker an Rechenzentren der Chemie;

2. Stufe: Bearbeitung von Problemen durch Mathematikergruppen in chemischen Instituten oder Betrieben;

3. Stufe: Zeitweilige Zusammenarbeit einer Gruppe von Chemikern und einer Gruppe von Mathematikern eines mathematischen Instituts (interdisziplinäre Zusammenarbeit);

4. Stufe: Bearbeitung von mathematischen Fragestellungen, die sich aus der Zusammenarbeit der Stufe 3 ergeben haben, durch Mathematiker eines mathematischen Instituts.

Unseres Erachtens sind alle vier Stufen der Zusammenarbeit notwendig. Zur Begründung dieser Auffassung haben wir dargestellt, welche Arten von Aufgaben auf welcher Stufe der Zusammenarbeit effektiv erledigt werden können. Wir sind dabei auf ein konkretes mathematisches Problem aus der Chemie eingegangen.

3. Es wurde auf einige Punkte hingewiesen, die bei der Zusammenarbeit von Mathematikern und Chemikern beachtet werden sollten. Abschließend wurde festgestellt, daß die Bearbeitung von mathematischen Problemen der Chemie zum wechselseitigen Nutzen von Chemie und Mathematik erfolgen kann.

H. THIELE (Sitzung am 24. Februar 1972, gemeinsam mit der Klasse „Kybernetik")

Das algorithmische Prinzip der limitierten Rekursion und seine Anwendung zur mathematischen Beschreibung von Erkennungs- und Identifizierungsprozessen

Beim Studium berechenbarer Funktionale stieß A. GRZEGORCZYK [6] im Jahre 1955 auf ein Prinzip, das zunächst im Rahmen der klassischen Theorie der Berechenbarkeit (Theorie der rekursiven Funktionen und Funktionale, Theorie der TURING-Maschinen und anderer äquivalenter Algorithmenbegriffe) fast unbeachtet blieb. Ist etwa $g(x_1, \ldots, x_s, n)$ eine evtl. partielle Funktion im Bereich der natürlichen Zahlen $1, 2, \ldots, t, \ldots$, so handelt es sich bei diesem Prinzip darum, daß man durch einen Grenzübergang

$$f(x_1, \ldots, x_s) =_{\mathrm{Df}} \lim_{n\to\infty} g(x_1, \ldots, x_s, n)$$

übergeht zu einer neuen Funktion $f(x_1, \ldots, x_s)$, wobei dem Limesoperator lim die stationäre Konvergenz der Folge $(g(x_1, \ldots, x_s), n)_{n=1,2,\ldots}$ zugrunde liegt, d.h. $f(x_1, \ldots, x_s)$ genau dann existiert, wenn alle Glieder der Folge $(g(x_1, \ldots, x_s, n))_{n=1,2,\ldots}$ existieren, die Folge von einem gewissen n_0 ab konstant ist und

$$f(x_1, \ldots, x_s) =_{\mathrm{Df}} g(x_1, \ldots, x_s, n_0)$$

gesetzt wird. Ist $g(x_1, \ldots, x_s, n)$ allgemein-rekursiv, sagt man nach E. M. GOLD [4], daß $f(x_1, \ldots, x_s)$ eine limes-rekursive Funktion und aus $g(x_1, \ldots, x_s, n)$ durch limitierte Rekursion entstanden sei. Offenbar ist in diesem Fall die Voraussetzung, daß alle Glieder der Folge $(g(x_1, \ldots, x_s, n))_{n=1,2,\ldots}$ existieren, überflüssig. Analog werden die Begriffsbildungen für allgemein-rekursive Funktionale angesetzt. Im folgenden werden wir, was bei unserem Ansatz ohne weiteres möglich ist, nur voraussetzen, daß $g(x_1, \ldots, x_s, n)$ partiell-rekursiv ist. Man kann zeigen, daß es limes-rekursive Funktionen bzw. Funktionale gibt, die nicht partiell-rekursiv sind.

Unabhängig von den Ansätzen in der Theorie berechenbarer Funktionale wurde das Prinzip der limitierten Rekursion Ende der fünfziger und Anfang der sechziger Jahre beim Studium von Erkennungs-, Identifizierungs-, Klassifizierungs- und Lernprozessen, das in diesem Zeitraum in größerem Umfang und systematisch begann, anschaulich an Beispielen entwickelt, z.B. in den grundlegenden Arbeiten über Zeichenerkennungs- und Klassifikationsprozesse von F. ROSENBLATT [8] und M. A. AISERMAN/E. M. BRAWERMAN/L. J. ROSONOER [1, 2].

Nach weiteren Vorarbeiten auf dem Gebiet der induktiven Logik, der Spracherkennung und der Automatentheorie, z.B. in den Arbeiten von S. WATANABE [12], R. J. SOLOMONOFF [9, 10] und A. GILL [3] formulierte E. M. GOLD im Jahre 1965 in der Arbeit [4] das Prinzip der limitierten Rekursion in allgemeiner Form und führte in [5] auf dieser Grundlage die erste systematische Untersuchung in der Theorie der Spracherkennung durch.

Wir wollen im folgenden von den speziellen Gegebenheiten, die bei der Spracherkennung vorliegen, abstrahieren und Erkennungs- und Identifizierungsprozesse sowie die Anwendung des Prinzips der limitierten Rekursion bei ihrem Studium in Verallgemeinerung von Ansätzen, die GOLD in [5] entwickelt hat, wie folgt beschreiben:

Gegeben seien eine Menge Ω von Objekten ω und eine Teilmenge $\Omega' \subseteqq \Omega$, deren Elemente erkannt werden sollen. Die betrachteten Erkennungsprozesse arbeiten in einer diskreten Zeitskala, deren Takte mit $1, 2, \ldots, t, \ldots$ durchnumeriert sind. Wir setzen $nz =_{\mathrm{Df}} \{1, 2, \ldots, t, \ldots\}$ und bezeichnen für eine beliebige Menge M durch M^{nz} die Menge aller eindeutigen Abbildungen von nz in M.

Gegeben sei ferner eine beliebige Menge I, deren Elemente *Elementarinformationen* oder *Informationsquanten* genannt werden. Wir verbinden damit die Interpretation, daß die Elemente aus I diejenigen Informationen darstellen, die durch einen *Mechanismus zur Informationsgewinnung* in einem Takt über ein gegebenes (aber unbekanntes) Objekt $\omega \in \Omega$ erhalten werden können. Die verwendeten Mechanismen zur Informationsgewinnung arbeiten mit Gedächtnis, werden also durch eine Abbildung J formalisiert, die jedem $\omega \in \Omega$ eindeutig eine nichtleere Menge von Elementen aus I^{nz} zuordnet.

Schließlich seien eine Menge H, eine eindeutige Abbildung von H in Ω sowie eine eindeutige Abbildung Lim aus Ω^{nz} in Ω gegeben. Wir interpretieren H als *Hypothesenraum*, β als *formale Semantik*, die jeder Hypothese $h \in H$ eine Bedeutung $\beta(h) \in \Omega$ zuordnet, und Lim als abstrakten Konvergenzoperator, mit dem Annäherungsprozesse in Ω beschrieben werden können.

Das Siebentupel

$$\mathfrak{E} = [\Omega, \Omega', I, J, H, \beta, \mathrm{Lim}]$$

heiße *Erkennungsproblem*. Eine *Hypothesenbildungsfunktion* G für $\mathfrak{E}$, d.h. eine eindeutige Abbildung G von der Menge I^* aller endlichen Wörter über dem Alphabet I in die Menge H, wird *Lösung* des Erkennungsproblems $\mathfrak{E}$ genannt, falls für jedes $\omega \in \Omega'$ und jedes $\xi \in J(\omega)$ gilt:

Die Folge $(\beta(G(\xi_1, \ldots, \xi_t)))_{t=1,2,\ldots}$ liegt im Definitionsbereich von Lim, und es gilt

$$\operatorname*{Lim}_{t\to\infty} \beta(G(\xi_1, \ldots, \xi_t)) = \omega .$$

Diesen Lösungsbegriff kann man wie folgt interpretieren: Vorgelegt sei ein (unbekanntes) Objekt $\omega \in \Omega$. In der Form endlicher, aber beliebig langer Anfangsstücke $\xi_1, \ldots, \xi_t$ einer Folge $\xi \in J(\omega)$ werden Informationen über ω angeboten. Durch G wird in jedem Takt $t \in nz$ eine Hypothese

$$h_t =_{\mathrm{Df}} G(\xi_1, \ldots, \xi_t)$$

über das bekannte Objekt $\omega \in \Omega$ aufgebaut, die das Objekt

$$\omega_t =_{\mathrm{Df}} \beta(h_t)$$

bezeichnet. Gilt nun $\omega \in \Omega'$, so konvergiert die Folge

$$(\omega_t)_{t=1,2,\ldots}$$

der von den Hypothesen $h_1, h_2, \ldots$ bezeichneten Objekte $\omega_1, \omega_2, \ldots$ gegen das „richtige" Objekt ω.

Sowohl theoretisch als auch praktisch wichtig (z.B. für die Spracherkennung, für die Dechiffrierung diskreter Automaten) ist das Studium diskreter konstruktiver Erkennungsprozesse im Limes, in unserer Formalisierung durch den Spezialfall erfaßt, daß Ω, Ω', I und H rekursiv aufzählbare Mengen, ferner J, β und G partiell-rekursive Operatoren bzw. Funktionen sind und schließlich Lim durch den auf der stationären Konvergenz in H beruhenden Limesoperator lim ausgedrückt werden kann, d.h., daß die Beziehung

$$\operatorname*{Lim}_{t\to\infty} \beta(G(\xi_1, \ldots, \xi_t)) = \beta\Big(\lim_{t\to\infty} G(\xi_1, \ldots, \xi_t)\Big)$$

gilt.

Die Funktion G kann damit realisiert werden durch einen Algorithmus (Turing-Maschine, Rechnerprogramm), mit dem in jedem Takt eine Zwischenhypothese und damit nach endlich vielen Takten schließlich eine richtige Endhypothese effektiv konstruierbar ist. Diese Tatsache darf jedoch nicht verwechselt werden mit der schärferen Forderung, daß ein Algorithmus existiert, mit dem für jedes $\omega \in \Omega'$ und jedes $\xi \in J(\omega)$ effektiv entschieden werden kann, ob die im Takt t auf Grund von $\xi_1, \ldots, \xi_t$ mit G

konstruierte Zwischenhypothese $G(\xi_1, \ldots, \xi_t)$ bereits Endhypothese ist. Mit den Termini der limitierten Rekursion kann man diese Verhältnisse wie folgt beschreiben: Mit Hilfe der partiell-rekursiven Funktion G definieren wir für $\xi \in \bigcup_{\omega \in \Omega} J(\omega)$ und $t \in nz$ ein Funktional

$$\Gamma(\xi, t) =_{\mathrm{Df}} G(\xi_1, \ldots, \xi_t)$$

und durch limitierte Rekursion ein weiteres Funktional

$$\Theta(\xi) =_{\mathrm{Df}} \lim_{t \to \infty} \Gamma(\xi, t).$$

Da G partiell-rekursiv ist, gilt dies auch für Γ, und damit ist Θ limesrekursiv. Die angegebene Entscheidbarkeitsforderung ist offenbar gleichwertig mit der Bedingung, daß Θ sogar ein partiell-rekursives Funktional ist.

Es ist klar, daß für die Anwendungen die angegebene Entscheidbarkeitsforderung in vielen Fällen nicht erfüllt werden muß, da die Hypothesenbildung nur als Approximationsprozeß aufgefaßt wird und gar nicht interessiert, ob universell effektiv entscheidbar ist, wann eine Endhypothese erreicht ist.

Damit ist aber durch den Begriff der limitierten Rekursion der Rahmen zur algorithmentheoretischen Beschreibung der betrachteten Prozesse exakt abgesteckt. Die angegebene Entscheidbarkeitsforderung wird von Gold in [5] in äquivalenter Form als „finite time identification" angedeutet; Erkennungsprozesse, bei denen diese Forderung erfüllt ist, wurden von R. Lindner in [7] systematisch studiert. Das oben angegebene Modell sowie die diskutierten Fragestellungen wurden in [11] vom Referenten auf automaten-theoretischer Basis genauer analysiert.

Literatur

[1] Айзерман М. А., Е. М. Браверман, Л. И. Розоноер: Теоретические основа метода потенциальных функций в задаче об обучении автоматов разделению входных ситуаций на классу. Автоматика и телемеханика **25**, 6 (1964), 907—936.

[2] —: Вероятностьная задача об обучении автоматов распознаванию классов и метод потенциальных функций. Автоматика и телемеханика **25**, 9 (1964), 1307—1324.

[3] Gill, A.: State-identification experiments in finite automata. Information and Control **4** (1961), 132—154.

[4] Gold, E. M.: Limiting recursion. The Journal of Symbolic Logic **30** (1965), 28—48.

[5] GOLD, E. M.: Language identification in the limit. Information and Control **10** (1967), 447—474.

[6] GRZEGORCZYK, A.: Computable functionals. Fundamenta mathematicae **42** (1955), 168—203.

[7] LINDNER, R.: Algorithmische Erkennung. Dissertation B. Sektion Mathematik der Friedrich-Schiller-Universität Jena 1972 (unveröffentlicht).

[8] ROSENBLATT, F.: On the convergence of reinforcement procedures in simple perceptrons. Cornell Aeronautical Laboratory Report VG-1196-G-4, Buffalo/ New York, February 1960.

[9] SOLOMONOFF, R. J.: A new method for discovering the grammars of phrase structure languages. Information Processing, June 1959.

[10] SOLOMONOFF, R. J.: A formel theory of inductive inference. Information and Control **7** (1964), 1—22 and 224—254.

[11] THIELE, H.: Lernverfahren zur Erkennung formaler Sprachen. Kybernetikforschung, Heft 3 (1973), 11—93.

[12] WATANABE, S.: Information-theoretical aspects of inductive and deductive inference. IBM Journal, April 1960.

Ferner wurden Vorträge gehalten von:

Prof. Dr. ARNO LANGENBACH, Berlin (Sitzung am 29. Mai 1969) „Nicht-lineare Gleichungen mit monotonen Operatoren im Hinblick auf Theorie und Anwendungen"

Prof. Dr. KURT SCHRÖDER, Ordentliches Mitglied der Akademie der Wissenschaften der DDR (Sitzung am 26. Juni 1969) „Integrationsprobleme bei den NAVIER-STOKESschen Gleichungen"

Auf dem Umschlag des Heftes ist bedauerlicherweise ein Druckfehler. Es handelt sich bei dem vorliegenden Heft — wie im Innentitel richtig angegeben — um

Heft 11 Jahrgang 1972.

Wir bitten das Versehen zu entschuldigen.

Schröter, Mathematik im System der Wissenschaften

FSC
www.fsc.org
MIX
Papier | Fördert
gute Waldnutzung
FSC® C083411

Zeitfracht Medien GmbH
Ferdinand-Jühlke-Straße 7
99095 Erfurt, Deutschland
produktsicherheit@kolibri360.de